Anleitung

zur

Waldwerthberechnung.

Anleitung

zur

Waldwerthberechnung,

im Auftrage des Finanz-Ministers

verfaßt vom

Königl. Preuß. Ministerial-Forstbureau im Jahre 1866.

———

Abdruck der amtlichen Ausgabe,
mit Berücksichtigung der neuen Maße und der
Deutschen Reichswährung.

Springer-Verlag Berlin Heidelberg GmbH

ISBN 978-3-642-51206-3   ISBN 978-3-642-51325-1 (eBook)
DOI 10.1007/978-3-642-51325-1

Für die Berechnungen, welche den hierher gelangenden An=
trägen auf Ankauf oder Entäußerung von Forsten beigegeben
wurden, hat bisher als Grundlage der Werthsermittelungen
die Instruction gedient, welche unterm 28. Januar 1814 zur
Bestimmung des Werths der zur Veräußerung designirten Wald=
grundstücke erlassen worden ist. Es liegt in der Natur der
Sache und die Erfahrung hat bestätigt, daß diese vor einem
halben Jahrhunderte erlassene Instruction den gegenwärtigen,
völlig veränderten Werthsverhältnissen der Waldungen nicht
mehr entspricht. Die auf die Vorschriften dieser Instruction
gestützten Berechnungen führen in den meisten Fällen zu Zahlen,
welche unter dem wirklichen gegenwärtigen Werthe der Wald=
grundstücke weit zurückbleiben. Die Erkenntniß dieses Uebel=
standes ist für die Forstbeamten Veranlassung geworden,
die verschiedenartigsten anderen Berechnungsarten anzuwenden,
welche oft nicht als zutreffend zu erachten und nicht aus=
reichend erläutert waren, oder aber unter formeller Festhaltung
der Vorschriften der Instruction von 1814 der Rechnung, um
ein dem practischen Bedürfnisse entsprechendes Endresultat zu
erlangen, Ansätze unterzulegen, welche entschieden unrichtig
waren.

Es ist daher die Nothwendigkeit nicht zu verkennen ge=
wesen, zur Beseitigung dieser Uebelstände diese Instruction
vom 28. Januar 1814 aufzuheben, und durch eine andere,
den gegenwärtigen Verhältnissen mehr entsprechende zu ersetzen.
Demgemäß habe ich zum Anhalte für Waldwerthberechnungs=
Arbeiten eine neue Anleitung zur Waldwerthberechnung aus=
arbeiten lassen.

Die Königliche Regierung erhält von derselben ..... Exem=
plare, von welchen ein Exemplar zu den dortigen Akten zu
nehmen und je ein Exemplar an die Revierverwaltungen, an

die Herren Forstinspections= und den Herrn Oberforstbeamten zu vertheilen ist.

Bei Abfassung dieser Anleitung hat die Absicht nicht darauf gerichtet sein können, ganz bestimmte, unter allen Umständen inne zu haltende Vorschriften für alle vorkommenden einzelnen Fälle zu ertheilen oder eine Abhandlung zu liefern, welche das ganze Gebiet der Waldwerthberechnung umfaßt und solches gewissermaßen vom wissenschaftlichen Standpunkte aus behandelt. Die Anleitung hat sich vielmehr nur zur Aufgabe gestellt, dem eigenen Urtheile der Techniker einen Anhalt und den Behörden zur eigenen ebenmäßigen Nachachtung Kenntniß von den Grundsätzen zu geben, welche bezüglich der Waldwerth=Ermittelung das Finanzministerium bei Beurtheilung der an dasselbe gelangenden Anträge als praktische Normen für zutreffend erachtet.

Zu diesem Behufe sind zwar in der Anleitung die Fälle, welche zur Ermittelung von Waldwerthen meist die Veranlassung geben, in größeren Gruppen auseinandergehalten, keineswegs aber für alle möglichen Combinationen bestimmte Vorschriften ertheilt. Es bleibt vielmehr der Beurtheilung der Königlichen Regierung, beziehungsweise der betreffenden technischen Beamten, überlassen, jeden einzelnen Fall so zu behandeln, wie es ihnen nach der Lage der Sache am Einfachsten und Anschaulichsten erscheint, nur müssen etwaige abweichende Berechnungs=Operationen im Zusammenhange mit den in der Anleitung enthaltenen Vorschriften resp. Erörterungen gehörig erläutert und motivirt werden.

Die Instruction vom 28. Januar 1814 ist hierdurch außer Kraft gesetzt.

Berlin, den 24. Mai 1866.

Der Finanzminister.
von Bodelschwingh.

An sämmtliche Königliche Regierungen, excl. Sigmaringen.

Inhaltsverzeichniß.

Einleitung.

§. 1.

Die Fälle, welche in der Preußischen Staatsforstverwaltung zur Berechnung von Waldwerthen am häufigsten Veranlassung geben, sind auseinander zu halten, je nachdem sie sich beziehen:

I. auf den Ankauf,
II. auf den Verkauf,
III. auf Expropriation,
IV. auf den Austausch von Forstgrundstücken,
V. auf die Prüfung, ob Grundstücke bei der Benutzung zur Holzzucht oder zu landwirthschaftlichen Zwecken höhere Erträge gewähren,
VI. auf Abfindung von Holz und andere Waldberechtigungen,
VII. auf Schadenersatzberechnungen,
VIII. auf Grundsteuerveranlagungen. *)

I. Ankauf.

§. 2.

Zuvörderst ist zu untersuchen, ob resp. in wie weit das anzukaufende Grundstück

A. lediglich zur Holzzucht oder
B. in einem Theile zur andauernden landwirthschaftlichen Benutzung — sei es als Dienstland oder zum Zwecke der Verpachtung rc. —

zu bestimmen ist.

§. 3.

ad A. Berechnung des Werths forstwirthschaftlich zu nutzender Grundstücke.

Der Werth der Forstgrundstücke ergiebt sich:
durch Zusammenstellung: a) des Bodenwerths,

---

*) Es werden zwar Waldwerthberechnungen häufig auch noch behufs Theilung oder Zusammenlegung von Forstgrundstücken aufgestellt. Da indessen in den Preußischen Staatsforsten die Veranlassung zu derartigen Berechnungen nur höchst ausnahmsweise vorkommen kann, so sind dieselben nicht besonders in Betracht gezogen.

b) des Werths des Holzbestandes,

und durch Abzug: c) des Werths der Ausgaben und Lasten.

Zum Zwecke der Ermittelung dieser Werthe ist zunächst in Erwägung zu nehmen, ob die Verschiedenheit der Bonität oder des Holzbestandes oder der Preise oder der wirthschaftlichen und sonstigen Verhältnisse eine Zerlegung des Grundstückes in mehrere Theile bedingt. Bejahenden Falls ist solche vorzunehmen.

§. 4.

ad a. Bodenwerth.

Der Bodenwerth stellt sich zusammen:

1) aus dem Werthe, welchen ein Grundstück durch seine Nutzbarkeit zur Erziehung von Holz (Hauptnutzung) enthält und

2) aus dem Werthe, welcher dem Grundstücke durch die neben der Holzerziehung zu gewinnenden Nutzungen (Nebennutzungen) erwächst.

§. 5.

ad 1. Die Berechnung des Bodenwerths ist bezüglich der Hauptnutzung eine verschiedene, je nachdem

α) das Grundstück ein isolirtes resp. selbstständig für sich zu bewirthschaftendes ist, oder

β) einem bestehenden Waldcomplexe in der Wirthschaft angefügt wird.

§. 6.

ad α. ist der Bodenwerth in der Regel in der Art zu ermitteln, daß die Erziehung der für den Boden resp. Standort vortheilhaftesten, Holzart und die für diese Holzart unter den obwaltenden Verhältnissen finanziell vortheilhafteste Umtriebszeit unterstellt, die hiernach pro Hektar zu erwartende Production an Derbholz, Stock- und Reisigholz nach Raum- oder Festmetern arbitrirt, der Werth des in den entsprechenden Zeitabschnitten auszuwerfenden Durchforstungsmaterials, sowie des am Ende des Umtriebes unter Berücksichtigung der inzwischen entnommenen Durchforstungserträge vorhandenen Abtriebsertrages nach den verschiedenen Sortimenten und den für solche — excl. der Werbungskosten — hervorgetretenen Durchschnittspreisen der letzten 3—6 Jahre berechnet wird, und daß diese Werthe mit 3 Prozent Zinseszins auf den Jetztwerth discontirt (beiliegende Tafel II.) und summirt werden.*) Diesem

---

*) Bei allen Discontirungen ist in gegenwärtiger Anleitung eine Zinseszinsrechnung à 3 Prozent, bei allen Kapitalisirungen der einfache Zinsfuß à 5 Prozent zum Grunde gelegt. Es kann nicht in Abrede gestellt werden, daß sich gegen die Annahme dieses ungleichen Zinsfußes vom mathematischen Standpunkte aus der

Kapitale tritt dann noch der Werth der Nutzungen in den späteren Um=
trieben hinzu. Zur Ermittelung dieses letzteren Werthes werden die
Einnahmen aus dem ersten Umtriebe als periodisch wiederkehrende
Renten angesehen und deren jetziger Kapitalwerth wird nach einem
Zinseszinsfuße von 3 Prozent (beiliegende Tafel III.) berechnet. —
cf. Beispiel I.

Handelt es sich jedoch um Forstorte, welche in kurzem Umtriebe
bewirthschaftet werden, namentlich also um Weidenwerder, Eichenschäl=

Vorwurf der Incorrectheit stellen läßt, und daß diese Ungleichheit hin und wieder
mit Inconvenientien für das Rechnungsverfahren verbunden ist. Practische Er=
wägungen indessen, und die bei einem derartigen Verfahren hervortretenden Resul=
tate rechtfertigen diesen Unterschied. Jeder Verwalter eines größeren Vermögens
wird sich der Erfahrung nicht entziehen können, daß auf längere Zeiträume hin
von einem Kapitalstocke ein ununterbrochener Zinseszinsgenuss zu dem landes=
üblichen Zinsfuße nicht zu erlangen ist. Eintretende Verluste, nicht selten auch
Mangel eines sofortigen sichern Anlageplatzes werden das stetige Anwachsen des
Kapitals nach dem Maßstabe einer Zinseszinsrechnung bei Festhaltung des üblichen
einfachen Zinsfußes behindern. Soll daher die Zulässigkeit resp. die Rentabilität
eines Geschäfts auf längere Zeit hin unter der Annahme eines Zinseszins=
genusses bemessen werden, so muß — wie dies ja auch von den Rentenbanken,
Assekuranzgesellschaften ꝛc. geschieht — ein hinter dem üblichen Zinsfuße zurück=
bleibender der Rechnung zum Grunde gelegt werden. Je länger ein Zeitraum
ist, für welchen ein Kapital ohne Unterbrechung und ohne daß die mit der Wieder=
anlegung des Kapitals und der Zinsen verbundenen Mühen, Kosten, Zeitverluste
und zeitweise Zinsenausfälle eintreten, mit Zins auf Zins werbend sicher
angelegt wird, um so geringer kann der Zinsfuß sein. Es würde daher streng
genommen dieser Zinsfuß für Discontirungen auf kurze Zeiträume höher anzu=
nehmen sein, als für längere Zeiträume. — cf. folgende Anmerkung zu § 6. —

Im Allgemeinen ist jedoch mit Rücksicht auf die Eigenthümlichkeit des Wald=
besitzthums und im Anschlusse an die Ausführungen von Burkhardt für Discon=
tirungen der Zinssatz zu 3 Prozent Zinseszins adoptirt. Eine Discontirung nach
höherem Zinsfuße würde bei längeren Zeiträumen den Waldwerth zu unver=
hältnißmäßig herabdrücken. Wollte man dagegen den 3prozentigen Zinsfuß auch
für die Kapitalisirung feststehender resp. berechneter Renten festhalten, so würde
man für jetzt nur Rücksicht auf die bei uns obwaltenden Geldverhältnisse, unter
denen eine Kapitalanlage à 5 Prozent unschwer zu bewirken ist, und mit Rücksicht
auf die mannigfachen, dem Walde drohenden Gefahren einen zu hohen Werth
erlangen. Es ist deshalb und im Anschlusse an die für Ablösungen gultigen
gesetzlichen Bestimmungen bei Kapitalisirungen der Zinsfuß von 5 Prozent gewählt
worden.

Uebrigens soll für die einzelnen konkreten Fälle die Anwendung eines
anderen Zinsfußes nicht ausgeschlossen sein; es muß dann aber dieselbe jedesmal
besonders motivirt werden. Eine Kapitalisirung à 4 Prozent kann sich beispiels=
weise in einem Landestheile rechtfertigen, in welchem bereits eine solche Vermin=
derung des Geldwerths constatirt ist, daß für Kapitalien auf sichern Anlageplätzen
nur noch eine Vergütigung à 4 Prozent zu erreichen steht.

oder andere Niederwaldungen, so wird ein den practischen Verhält=
nissen mehr entsprechendes Resultat durch eine Rechnung gewonnen
werden, welche den während der Umtriebszeit zu erwartenden Ertrag
durch Division mit der Zahl der Jahre des Umtriebes auf seine Jähr=
lichkeit bringt, diesen Quotienten à 5 Prozent zum Kapital erhebt und
letzteres unter Berücksichtigung des ersten Einganges des Ertrages mit
3 Prozent Zinseszins auf seinen Jetztwerth discontirt, wobei jedoch
der Discontirungszeitraum für die Berechnung des absoluten Boden=
werths in den meisten Fällen auf $1/5$ der Umtriebszeit zu beschränken
sein wird. (Beispiel II.)*)

---

*) Von den in der vorigen Anmerkung angedeuteten Inconvenientien, welche
mit der Annahme der verschiedenen Zinsfüße von 3 Prozent für die Discon=
tirungen und von 5 Prozent für die Kapitalisirungen verbunden sind, tritt hier
diejenige hervor, welche für die praktische Aufgabe der vorliegenden Anleitung die
meiste Beachtung erheischt. Nach der dortigen Anführung ist unter den zur Zeit
obwaltenden Geldverhältnissen die Anlage eines Kapitals à 5 Prozent **einfacher**
Zinsen ohne Schwierigkeit zu bewirken. Es wird also auch der Käufer eines
Waldgrundstücks diesen Zinsgenuß in der Regel verlangen. Nun aber vermehrt
sich ein zu 3 Prozent **Zinseszins** arbeitendes Kapital in einem kurzen Zeit=
raume, d. h. bis zu einem Zeitraume von 33 Jahren weniger als ein zu
5 Prozent **einfacher** Zinsen angelegtes, woraus umgekehrt folgt, daß auch eine
auf ihren Jetztwerh zu 3 Prozent Zinseszins discontirte Einnahme sich innerhalb
dieses Zeitraumes nicht auf eine Summe ermäßigt, welche dem Käufer den Genuß
von 5 Prozent **einfacher** Zinsen sichert. Es wird deshalb die oben angedeutete
Rechnung für Waldgrundstücke mit kurzem Umtriebe dem Käufer meist einen für
seine Zwecke entsprechenderen Anhalt geben, als die im Eingange des §. vorge=
schlagene Discontirung der Erträge à 3 Prozent Zinseszins. Wo — wie hier
bemerkt sein mag — eine Reduktion des Geldwerths so allgemein eingetreten ist,
daß auch bei der Berechnung von Waldwerthen eine Kapitalisirung à 4 Prozent
als gerechtfertigt erscheint, werden die Rechnungsdifferenzen resp. Rechnungs=
inconvenientien, welche aus der Annahme verschiedener Zinsfüße für Discon=
tirungen und Kapitalisirungen hervorgehen, um deshalb bedeutend abgeschwächt,
weil die Resultate einer 4prozentigen Kapitalisirung mit einfachen Zinsen denen
der 3prozentigen Discontirung mit Zinseszins bei kurzen Zeiträumen erheblich
näher stehen als die bei 5prozentiger Kapitalisirung mit einfachen Zinsen. In
welchem Verhältnisse dies erfolgt, erhellt annähernd, wenn man als Maßstab für
dieses Verhältniß den Zeitraum unterlegt, in welchem die Verdoppelung des
Grundstocks bei einfachen und bei Zinseszinsen erfolgt.

Bei einfachen Zinsen à 5 Prozent verdoppelt sich der Grundstock = 1 nach
20 Jahren, ist dann also = 2. Bei Zinseszinsen à 3 Prozent erlangt man in
20 Jahren (beiliegende Tafel I) incl. Grundstock nur $= 1{,}8061$, also etwa $9/10$
des Betrages, welchen man bei gewöhnlichen Zinsen à 5 Prozent erhält.

Bei einfachen Zinsen à 4 Prozent verdoppelt sich der Grundstock = 1 nach
25 Jahren, ist dann also = 2.

Bei Zinseszinsen à 3 Prozent ergeben sich nach 25 Jahren . . . . $= 2{,}0938$.

§. 7.

Ist die Fläche mit Holz bestanden, welches nicht sofort verwerth=
bar ist, so ist das Resultat der vorstehenden dargelegten Berechnung
des Bodenwerths (— des absoluten Bodenwerths —) nicht ohne
Weiteres zutreffend, da die selbstständige Produktionskraft des Bodens
erst von dem Zeitpunkte ab, wo der jetzige Holzbestand zum Abtriebe
gelangt, zur Geltung kommt. Es muß daher noch der relative Boden=
werth ermittelt, d. h. es muß für die Zeit, während welcher der vor=
handene Bestand fortwächst und die Bodenrente in seinem Ertrage mit=
enthält, ein nochmaliges Disconto gewährt werden, so also, daß die

---

also etwa $^{21}/_{20}$ des bei gewöhnlichen Zinsen à 4 Prozent erlangten Betrages. Das
Verhältniß ist hiernach im letzteren Falle ein viel günstigeres, d. h. die Kapita=
lisirung à 4 Prozent einfacher Zinsen steht der 3prozentigen Discontirung mit
Zinseszinsen bis zu diesem Zeitpunke näher als die Kapitalisirung a 5 Prozent
einfacher Zinsen.

Andrer Seits steht bei kurzen Zeiträumen widerum auch eine Discontirung
à $3^{1}/_{2}$ Prozent Zinseszins der einfachen Kapitalisirung à 5 Prozent näher als
die Discontirung à 3 Prozent Zinseszins. Denn während letztere im Hinblicke
auf die Verdoppelung des Kapitals sich verhält zur Kapitalisirung à 5 Prozent
wie $1,_{8061}..: 2$, verhält sich erstere (die $3^{1}/_{2}$ Prozent) wie $1,_{9898}..: 2$, nähert sich
also bis auf $^{1}/_{100}$. Es lag nahe, im Anschlusse an diese Erörterungen in der
vorliegenden Anleitung für verschiedene Discontirungszeiträume auch die An=
wendung verschiedener Zinsfüße vorzuschreiben. Da indessen auch auf diesem
Wege ein ganz constantes Verhältniß resp. eine völlig correcte Scala nicht zu
erreichen ist, die Rechnungsoperationen dagegen sehr complicirt werden, so ließen
practische Erwägungen das im Text für kurze Umtriebszeiten angegebene Verfahren
als das empfehlenswerthere erscheinen. Als Nachweis für die Billigkeit und
Zweckmäßigkeit dieses Verfahrens mögen folgende Anführungen dienen:

Geht ein Ertrag sofort und jährlich ein, so ist dessen Kapital (nach der
früheren Darlegung à 5 Prozent berechnet) der Repräsentant seines Jetztwerthes.
Erfolgt indessen der pro Jahr berechnete Durchschnitsertrag, d. i. die **einfache**
Verzinsung des Kapitals, nicht sofort und nicht von Jahr zu Jahr, sondern nur
periodenweise nach der Umtriebszeit, so ist eine Vergütigung hierfür zu gewähren,
d. h. der zu zahlende Preis unter dem 20fachen Betrage des jährlichen Durch=
schnittsertrages zu bemessen. Die Nothwendigkeit einer solchen Vergütigung wird
durch die Thatsachen klar, daß bei den meisten anderweiten Kapitalsanlagen jähr=
liche oder halbjährliche Zinsen zu erlangen sind, und daß es zweifellos weniger
vortheilhaft ist, die **einfachen** Zinsen in mehrjährigen Zeiträumen als in jenen
kurzen Erhebungsfristen zu erhalten. Es handelte sich nunmehr um einen Maß=
stab für die Höhe dieser Vergütigung. Bei den desfallsigen Erwägungen ergab
sich nun, daß das im Text empfohlene und im Beispiele II. veranschaulichte Ver=
fahren, nach welchem der volle 20fache Kapitalbetrag bei $^{1}/_{5}$ des 1. Umtriebes als
vorhanden angenommen und für diesen Zeitraum mit 3 Prozent Zinseszinsen auf
den Jetztwerth discontirt wird, eine für gewöhnliche Fälle genügende und den
practischen Verhältnissen entsprechende Vergütigung gewähre, für welche Ansicht

Berechnung des relativen Bodenwerths zwei Discontirungszeiträume, den einen aus der angenommenen Umtriebszeit und den andern aus der Zahl der Jahre umfaßt, welche der jetzige Bestand noch stehen bleibt. —

die vergleichenden Beispiele III. und IV. die Bestätigung liefern dürften. Dies practische Resultat und der Umstand, daß sich auch die Ergebnisse dieses Verfahrens den Ergebnissen der Discontirung der periodischen Erträge à 3 Prozent Zinseszinsen für längere Umtriebe passend anschließen, entschieden für die Annahme des empfohlenen Rechnungsmodus, zu dessen erleichterter Durchführung der Anhang der Tafel II. dient. Den vorerwähnten günstigen Anschluß zeigt folgende Tabelle, in welcher die Zwischennutzungen allerdings unberücksichtigt gelassen sind:

Für den Umtrieb von (n) Jahren	Bei 1 Mark jährlichem Durchschnittsertrag berechnet sich für das Verfahren bei								
	kürzeren Umtrieben						längeren Umtrieben		
	der 20fache Betrag der durchschnittlichen Jahresrente auf .... Mark	der Factor für 3 pCt. aus Tafel II. bei $\frac{n}{5}$ Jahren	auf	der Jetztwerth auf Mark	Dieser Jetztwerth entspricht einem Discontirungs-Factor der periodischen Nutzungen von	annähernd einem Prozentsatze von	der periodische Ertrag von n zu n Jahren Mark	der Discontirungs-Factor für 3 pCt. aus Tafel III. bei n Jahren	der Jetztwerth auf Mark
5	20	1	0,9709	19,418	3,8836	4³/₄	·(5	6,2785	31,393)
10	20	2	0,9426	18,852	1,8852	4¹/₄	(10	2,9077	29,077)
15	20	3	0,9151	18,302	1,2201	4	(15	1,7922	26,883)
20	20	4	0,8885	17,770	0,8885	3³/₄	(20	1,2405	24,810)
25	20	5	0,8626	17,252	0,6901	3³/₄	(25	0,9143	22,858)
30	20	6	0,8375	16,750	0,5583	3¹/₂	(30	0,7006	21,018)
35	20	7	0,8131	16,262	0,4646	3¹/₄	(35	0,5513	19,296)
40	20	8	0,7894	15,788	0,3947	3¹/₄	(40	0,4421	17,684)
45	20	9	0,7864	15,328	0,3406	3	(45	0,3595	16,173)
50	20	10	0,7441	14,882	0,2976	3 Zinseszins	50	0,2955	14,775
55							55	0,2450	13,475
60							60	0,2044	12,264
65							65	0,1715	11,148
70							70	0,1446	10,122

Nach dieser Tabelle würde man die Grenze, bis zu welcher das im letzten Satze des §. 6 für kürzere Umtriebe anheimgegebene Verfahren einzuschlagen ist, mit Rücksicht auf die früheren und dadurch in ihren Vorwerthen erhöhten Einnahmen aus den Zwischennutzungen etwa bis zu einem 40jährigen Umtriebe bestimmen können. Ob indessen in jedem einzelnen Falle gerade dieser Zeitpunkt inne zu halten ist, wird je nach dem ersten Eingange und der Ergiebigkeit der eben erwähnten früheren Zwischennutzungen zu beurtheilen sein.

Daß bei einer Discontirung des 20fachen Kapitalbetrages mit einem Zeitraum, welcher ¹/₅ der Umtriebszeit entspricht, immer noch Jetztwerthe erlangt cf. Beispiele V. und VI. Von dem Werthe, welcher nach diesen und den später zu erörternden Berechnungen der Nebennutzungen hervorgetreten ist, kommt demnächst zur Erzielung des klaren Bodenwerthes der Kapitalwerth der Verwaltungs-, Schutz- und Kulturkosten nach den sub c. (§. 21 und folgende) gegebenen Bestimmungen in Abzug. —

§. 8.

Was nun die Veranschlagung der Massenproduction anlangt, so sind dafür reale Erträge, d. h. derartige in Ansatz zu bringen, welche auf den betreffenden Bodenklassen resp. Standortsgüten im großen Durchschnitte einzugehen pflegen. Es können daher nicht sogenannte ideale Erfahrungstafeln wie die Hartig'schen, sondern nur solche, welche, wie beispielsweise die Pfeil'schen, auf Grund practischer Ermittelungen über die auf großen Flächen wirklich eingehenden Holzmassen zusammengestellt sind, als Anhalt benutzt werden. Bei Anwendung derartiger Erfahrungstafeln resp. bei Annahme derartiger im großen Durchschnitte wirklich erfolgender Erträge bedarf es unter gewöhnlichen Verhältnissen keiner Abzüge für Gefahren, zumal beim Eintritte von Kalamitäten im älteren Holze der Werth desselben nur selten ganz verloren geht. Lassen indessen

---

werden, welche nebst ihren einfachen Zinsen à 5 Prozent durch die periodischen Erträge bei 30jährigem Umtriebe erst bei 60 Jahren, bei kürzeren Umtrieben erst noch später gedeckt werden, zeigen die vergleichenden Beispiele III. und IV. Unter besonderen Umständen, beispielsweise wegen Unsicherheit der veranschlagten Erträge, wegen eigenthümlicher Gefahren u. dgl., kann es aber auch gerechtfertigt sein, den Discontirungszeitraum von $1/5$ auf $1/4$, $1/3$ und äußersten Falls bis $1/2$ der Umtriebszeit zu erweitern, was vorkommenden Falls näher zu begründen ist.

Uebrigens ist auch nicht ausgeschlossen, eine Bodenwerthsberechnung für kurze Umtriebszeiten, nach Maßgabe der obigen Erörterungen und der ersten Note zu §. 6, durch bloße Discontirung der periodischen Rente unter Anwendung verschiedener Zinsfüße auszuführen, da hierbei, wie die vorstehende Tabelle zeigt, etwa dieselben Resultate hervortreten werden, wie bei der Discontirung des 20fachen Betrages der jährlichen Durchschnittsrente auf $1/5$ der Umtriebszeit mit 3 Prozent Zinseszins. Es wird alsdann zu wählen sein für Umtriebszeiten von:

34 bis 40 Jahren	. . . . .	$3^1/_4$ Prozent Zinseszins,		
26 „ 33	„	$3^1/_2$	„	„
20 „ 25	„	$3^3/_4$	„	„
15 „ 19	„	4	„	„
10 „ 14	„	$4^1/_4$	„	„
6 „ 9	„	$4^1/_2$	„	„
4 „ 5	„	$4^3/_4$	„	„

Zur eventuellen Benutzung für ein derartiges Rechnungsverfahren ist der Tafel III. ein Anhang A. und ein Anhang B. beigegeben. Hinter dem Anhange A. findet sich auch noch eine weitere Begründung des im Texte für kürzere Umtriebszeiten empfohlenen Verfahrens.

ausnahmsweise Verhältnisse derartige Abzüge angemessen erscheinen, so sind solche in ihren Ansätzen besonders zu begründen. —

§. 9.

ad β.*) Wird das anzukaufende Grundstück einem vorhandenen Waldcomplexe angefügt, welcher eine genügende Menge schlagbaren

---

*) Gegen die Annahme, daß bei der Waldwerthberechnung ein Unterschied zulässig sei, je nachdem das anzukaufende Grundstück einem andern Waldcomplexe zugefügt werden oder für sich selbst einen abgeschlossenen Betrieb erhalten solle, ist mehrfach Einspruch erhoben. Soweit die deßfallsigen Einwände und Deductionen dahin gehen, daß der eigene innere Werth eines Kaufobjects derselbe bleibe, möge das Grundstück mit einem andern in der Wirthschaft vereinigt werden oder für sich bestehen bleiben, kann denselben nicht widersprochen werden. Hierum handelt es sich indessen nicht, sondern nur um die Frage:

> „ob eine Person, welche die Production einer anzukaufenden Fläche, d. h. also die Bodenkraft des Grundstücks, einem bestehenden Walde zufügt, diese Production in den meisten resp. in vielen Fällen höher bezahlen kann, als eine Person, welche sie einem Walde nicht zuzufügen vermag?"

In der vorliegenden Anleitung hat man sich für die Bejahung dieser Frage, und zwar in folgender Erwägung entschieden: Bei jeder Taxationsmethode bildet für die Regulirung des Betriebes und im Besonderen für die Höhe der alljährlich abzunehmenden Ernte einen wesentlichen Factor der jährliche Zuwachs auf der Gesammtfläche. Hieraus folgt, daß — wenn für die vorhandene und für die hinzukommende Waldfläche ein gemeinschaftlicher Betriebsplan aufgestellt wird — der neue Abnutzungssatz den früheren, d. h. den für den zu vergrößernden Wald bisher gültig gewesenen, selbst wenn das hinzutretende Areal aus einer ganz jungen Cultur oder culturfähigen Blöße besteht, ohne Gefährdung der Nachhaltigkeit übersteigen kann und in den meisten Fällen auch übersteigen wird. Ob diese zulässige Erhöhung des Abnutzungssatzes sofort die ganze Production der Ankaufsfläche oder nur einen Theil derselben umfaßt, ändert in der entscheidenden Thatsache nichts, daß — wenn eine zur forstlichen Benutzung bestimmte Fläche einem bestehenden Walde zugefügt wird, die Production der erstern eher zur Hebung gelangen kann, als wenn sie für sich bewirthschaftet werden muß. Ganz besonders aber fällt dieser Umstand bei den Prinzipien ins Gewicht, welche für die Betriebsregulirungen in den Preußischen Staatsforsten Gültigkeit haben. Nach ihnen wird, soweit thunlich, dahin gestrebt, die Nachhaltigkeit des für die erste Periode berechneten Abnutzungssatzes durch ein Ansteigen der spätern periodischen Flächen resp. Erträge zweifellos darzulegen. Selbstverständlich darf diese Maßnahme eine ungebührliche Ausdehnung nicht erhalten. Tritt nun eine neue Fläche einem in dieser Weise angemessen regulirten Reviere hinzu, so ist es klar, daß deren Productionen — wenn sie erst in einer der spätern Perioden zur Hebung kommen — das Verhältniß in dem Ansteigen der periodischen Flächen und Erträge verschieben und über das Ziel hinausführen müssen. Die practische Folge hiervon wird fast ohne Ausnahme sein, daß die erste resp. die vor der Ernte der Ankaufsfläche liegenden Perioden in ihren Flächen und Abnutzungen werden verstärkt werden, d. h. also, daß mindestens ein Theil der Erträge des hinzutretenden Areals früher wird erhoben werden, als wenn das Grundstück mit einem Forst-

Holzes enthält, so daß der Einschlag in demselben sich entsprechend ver=
stärken läßt, und kann demgemäß die jährliche Holzproduction der hinzu=
tretenden Fläche durch den zu verstärkenden Einschlag in den Beständen
des vorhandenen Waldes sofort nutzbar gemacht werden, so können die
ad α. (§. 6.) angeordneten Discontirungen unterbleiben und es ergiebt
einfach der mit 20 kapitalisirte Geld=Nettowerth der jährlichen Durch=
schnitts=Holzproduction und der Kapitalswerth der Nebennutzungen unter
Beachtung der für die Verwaltungs=, Schutz= und Kulturkosten zu
machenden Abzüge den Bodenwerth. (cf. Beispiel VII.)

<h2 style="text-align:center">§. 10.</h2>

Sind auf der anzukaufenden Fläche Bestände vorhanden und ent=
spricht die Production in denselben nicht der nach der Standortsgüte
angenommenen und der Bodenwerthsberechnung zum Grunde gelegten
Massenerzeugung, d. h. ist dieselbe geringer (— ist dieselbe besser, so
wird ihr Werth in der Holzwerthsberechnung (cf. §. 19.) erfaßt —)
darf mithin die volle der Werthsberechnung zum Grunde gelegte
Durchschnittsproduction, da sie in Wirklichkeit auf der Fläche wegen
mangelhaften Bestandes nicht erfolgt, auch nicht sofort aus dem vor=
handenen Walde entnommen werden; so ist die Differenz nach Zehn=
theilen festzustellen, der Kapitalwerth des sofort zu beziehenden Theils

---

complexe nicht wäre vereinigt worden. Bemißt nun jeder wirthschaftliche Käufer
den Preis, welchen er für ein Kaufobject anlegen kann, nach den Zinsen, welche
das letztere ihm abwirft, und muß er sich für den Zeitraum, während dessen die
Verzinsung ausbleibt, ein Disconto in Rechnung stellen, so tritt hervor, daß der
Käufer, welcher ein forstlich zu benutzendes Grundstück einem bestehenden Walde
zufügen kann, in den meisten Fällen einen höheren Preis zu zahlen vermag, als
eine Person, welche erst die Reife der Holzrente auf dem Grundstücke selbst ab=
warten, also die erst dann eintretenden Geldeinnahmen auf den Jetztwerth dis=
contiren muß. Ein Beispiel mag diesen Unterschied veranschaulichen. Es handle
sich um den Ankauf eines so eben angepflanzten Hektar Landes, dessen durch=
schnittliche Jahresproduction bei einem Umtriebe von 60 Jahren andauernd, also
alle 60 Jahre wiederkehrend einem Werthe von 36 Mark gleich ist. Bei der Reife
des Bestandes mit dem 60. Jahre steht somit eine Einnahme von 2160 Mark in
Aussicht. Verlangt der Käufer, welcher diese Reife abwarten muß, sein Kapital
zu 5 Prozent Zinseszinsen veranlagt, so würde er einen Kaufpreis zahlen können
von. . . . . 2160 × 0,056 = 121 M., verlangt er 3 Prozent Zinses=
zinsen . . . . 2160 × 0,204 = 441 M. Ist aber der Käufer in der
Lage — und bei dem Hinzutritte einer kleinen Fläche zu einem größeren Staats=
forstcomplexe wird sich Fiscus meist in dieser Lage befinden — durch Mehreinschlag
in dem vorhandenen Walde diese durchschnittliche Jahresproduction im Werthe
von 36 Mark sofort zu erheben, so würde er bei der Berechnung des Kapital=
werthes à 5 Prozent = 720 Mark, bei 3 Prozent = 1200 Mark zahlen können.

der Production durch Multiplication mit 20 zu ermitteln, der Werth des verbleibenden Rentenrestes ebenfalls mit 20 zum Kapital zu erheben, dies letztere aber für die Zeit bis zum Abtriebe des Bestandes durch Discontirung mit 3 Prozent Zinseszins auf seinen Jetztwerth (Vorwerth) zu berechnen. (cf. Beispiel VIII.)

§. 11.

Ist das Altersklassenverhältniß in dem vorhandenen Walde derartig, daß es die Entnahme der aus dem anzukaufenden Grundstücke hinzutretenden Production nicht sofort, sondern erst nach einiger Zeit gestattet, so ist dieser Zeitpunkt nach den Grundsätzen, welche für die Betriebsregulirungen in den Staatswaldungen maßgebend sind, festzusetzen und es erfolgt alsdann eine Discontirung des Werths der Production bis zu diesem Zeitpunkte dadurch, daß der Kapitalswerth der Production mit 3 Prozent Zinseszins für die Zeit des Nichteingehens (nach Tafel II.) auf seinen Jetztwerth berechnet wird.*) (Beispiel IX.)

Sollte aber die Verstärkung der Nutzung bei Annahme der gewöhnlichen Betriebsregulirungs-Grundsätze erst in so ferner Zeit liegen, daß durch die Discontirung des Kapitals des hinzutretenden durchschnittlichen Productionswerths der Jetztwerth dieses Kapitals sich niedriger als bei Anwendung des im §. 6. vorgeschriebenen Verfahrens berechnet, so ist die Werthsberechnung nach dem Kapitalswerthe der Durchschnittsproduction nicht am Orte, sondern die Berechnung nach §. 6. vorzuziehen. (Beispiel X.)

Die vorstehend angedeuteten Rechnungsoperationen finden gleichfalls Anwendung, wenn nur ein Theil der hinzutretenden Production sofort entnommen werden kann für den verbleibenden Theil.**) (Beispiele XI. und XII.)

Daß hierbei unter Umständen verschiedene Discontirungszeiträume werden unterstellt werden müssen, je nachdem das Altersklassenverhältniß des vorhandenen Waldes die Entnahme der hinzutretenden Production früher oder später gestattet, folgt aus dem Gesagten von selbst. Ebenso

---

*) Ein Verfahren, das in dem oben besprochenen Falle die Production der anzukaufenden Fläche als eine nach einer gewissen Zeit beginnende jährliche Rente betrachten und ihren jetzigen Kapitalswerth (nach Tafel IV.) mit 3 Prozent Zinseszins berechnen wollte, ist aus dem Grunde, welcher in der Bemerkung ad §. 6. erörtert wurde, so lange nicht anwendbar, als aus practischen Gründen für Kapitalisirungen und Discontirungen verschiedene Zinssätze festgehalten werden müssen

**) Die Grenze, bei welcher das Verfahren nach §. 6. eintritt, bestimmt sich hier selbstverständlich erst da, wo die Berechnung für das ganze hinzutretende Grundstück nach §. 6. einen höheren Werth ergiebt, als die Berechnung der einzelnen Theile nach dem Hinzutritte ihrer durchschnittlichen Jahresproduction zu der des vorhandenen Waldes.

liegt es in der Natur der Sache, daß, wenn das hinzutretende Grundstück eine Blöße und die sofortige Aufforstung der ganzen Fläche nicht durchführbar ist, für den Zeitraum bis zu beendeter Aufforstung unter Beachtung der Nachbesserungen ein Disconto gewährt werden muß. (Beispiel XIII.)

§. 12.

ad 2. Werth der Nebennutzungen incl. der Jagdnutzung.

Nur solche Nebennutzungen sind zu veranschlagen, welche bezogen werden können, ohne die bei Berechnung des Boden- und Holzwerths angenommenen Erträge zu beeinträchtigen.

Auch sind Nebennutzungen nur in so weit zu berechnen, als ihre Verwerthung mit Sicherheit zu erwarten steht. Gehen Nebennutzungserträge alljährlich und dauernd ein, so ist die desfallsige Netto-Rente nach der Fraction der letzten 3—6 Jahre zu ermitteln, und ausschließlich der Jagdnutzung, welche nach den früheren Bestimmungen à 3 Prozent zu capitalisiren ist, mit dem 20fachen Betrage zum Kapital zu erheben. Dieses Kapital ist aber mit 3 Prozent Zinseszins auf den Jetztwerth zu discontiren, wenn die berechnete Jahresrente nicht alsbald, sondern erst nach Ablauf mehrerer Jahre beginnt. (Beispiel XIV. a.)

Geht die Nebennutzungsrente nicht alljährlich, sondern nur intermittirend ein, so ist sie für einen längeren Zeitraum auf eine durchschnittliche Jahresrente zu reduziren und mit 20 zum Kapital zu erheben.*) (Beispiel XIV. b.)

---

*) Bei intermittirenden Nebennutzungsrenten sind in Bezug auf den ersten Eintritt der Rente und den Wiederholungszeitraum so viel verschiedenartige Verhältnisse denkbar, daß es zu weit führen würde, hierauf in der vorstehenden Anleitung selbst einzugehen. Für die Eventualität indessen, daß in einem speciellen Falle — beispielsweise bei außergewöhnlich langen Intervallen — ein Taxator den besonderen Verhältnissen glaubt Beachtung schenken zu müssen, mag ihm in folgenden 3 Unterscheidungen ein Fingerzeig gegeben werden:

1. Die intermittirende Nebennutzungsrente tritt zum ersten Male nach einer kürzern Zeit ein, als sie sich später wiederholt·

   Für solchen Fall liegt keine Veranlassung vor, den Jetztwerth unter dem 20fachen Betrage der durchschnittlichen Jahresrente zu bemessen. Denn dafür, daß die Durchschnittsrente nicht sofort resp. nicht jährlich eingeht, wird ein Ersatz dadurch gewährt, daß der volle periodische Ertrag für n Jahre zum ersten Male in weniger als n Jahren erfolgt.

2. Die intermittirende Rente tritt zum ersten Male nach einem Zeitraume ein, welcher mit dem spätern Wiederholungszeitraume in Uebereinstimmung steht:

   In solchem Falle würde es — wenn überhaupt Bedeutsamkeit der Nutzung und Länge der Intervalle eine besondere Berücksichtigung erheischt — dem Verfahren im 2. Alinea des §. 6, welches für die Berechnung des

So weit einzelne Nebennutzungen werthvoller sein sollten, als die Hauptnutzung und mit letzterer zusammen nicht bestehen können, wie beispielsweise bei der Torfnutzung, ist die Bodenwerthsberechnung dahin zu modificiren, daß die Hauptnutzung zeitweise oder ganz unberücksichtigt bleibt.

Der Werth etwa vorhandener Activberechtigungen ist auf eine Jährlichkeit zu bringen und mit den bei einer event. Ablösung maßgebenden Sätzen zu capitalisiren; ist die Berechtigung nicht ablösbar, so erfolgt die Kapitalisirung mit dem 20fachen Betrage.

§. 13.

ad b. Werth des Holzbestandes.

Ist die anzukaufende Fläche mit Holz bestanden, so ist zu unterscheiden, ob das Material

α) ökonomisch haubar,

β) verwerthbar,

γ) nicht verwerthbar ist.

§. 14.

ad α. Bei ökonomisch haubaren d. h. bei solchen Beständen, bei denen aus einem Hinausschieben des Einschlages ein höherer Erlös durch Zunahme an Quantität oder Qualität nicht zu gewärtigen ist, wird die Holzmasse nach ihrem jetzigen Geldwerthe möglichst speciell ermittelt und dieser Werth nach Abzug der aufzuwendenden Nebenkosten einfach in Rechnung gestellt, wenn nicht nach der Masse des Materials und nach den Absatzverhältnissen auf einen angemessenen Verwerthungszeitraum, welcher thunlichst kurz und nie über 10 Jahre zu bemessen ist, Rücksicht genommen werden muß. Muß dies geschehen, so ist von dem ausgebrachten Werthe ein Betrag abzuziehen, welcher 3 Prozent Zinseszinsendisconto für den halben Verwerthungszeitraum (— also höchstens für 5 Jahre —) vergütet. (Beispiel XV.)

Jetztwerthes der periodischen Holznutzungen bei kürzeren Umtrieben empfohlen ist, entsprechen, wenn der 20fache Betrag der durchschnittlichen Jahresrente auf so viele Jahre à 3 Prozent Zinseszins zurückdiscontirt wird, als der 5. Theil des Wiederholungszeitraumes beträgt.

3. Die intermittirende Rente tritt zum ersten Male nach einem längern Zeitraume ein, als sie sich später wiederholt:

In solchem Falle würden dem Wiederholungszeitraume ad 2 ($1/5$ des Wiederholungszeitraums) noch so viele Jahre hinzuzuzählen sein, als der Zeitraum des ersten Eingangs der Rente länger ist als der Wiederholungszeitraum.

§. 15.

ad β. Bei verwerthbaren, d. h. solchen Beständen, welche zwar nach den obwaltenden Absatz- und sonstigen Verhältnissen sofort versilbert werden können, für welche aber bei einem Hinausschieben des Abtriebes, sei es durch Erhöhung der Masse oder Qualität, eine gesteigerte Geldeinnahme zu erwarten steht, ist zunächst zu untersuchen, ob der gegenwärtige Verkaufswerth höher ist, als derjenige Kapitalswerth, welcher sich bei Discontirung der späteren Erträge mit 3 Prozent Zinseszins auf den Jetztwerth ergiebt. Trifft die erstere Alternative zu, so ist der gegenwärtige Verkaufsnettowerth, andern Falls der höchste derjenigen Vorwerthe als Holzbestandswerth anzunehmen, welcher sich bei Discontirung der nach der jetzigen Beschaffenheit der Bestände zu veranschlagenden dereinstigen Erträge der verschiedenen Haubarkeitsalter auf den Jetztwerth, unter Mitbeachtung der Zwischennutzungen, ergiebt. (Beispiel XVI.)

§. 16.

ad γ. Ist der Holzbestand noch nicht verwerthbar, so ist der Zeitpunkt der erstmöglichen Verwerthung festzustellen, der beispielsweise bei Kiefern unter Umständen auch schon mit dem 25ten—30ten Jahre eintreten kann, und der Jetztwerth des Abtriebsertrages incl. Zwischennutzung in diesem Alter bei 3 Prozent Zinseszins zu ermitteln. Ergiebt sich durch anzulegende vergleichende Berechnungen bei späterer Verwerthung kein höherer Vorwerth, so ist der zuerst ermittelte als Holzbestandswerth anzunehmen, andern Falls der höchste der bei späterer Verwerthung sich ergebenden Vorwerthe.*)

§. 17.

Bei den vorstehend sub β und γ angedeuteten Berechnungen sind die Holzmassenerträge, die Holzpreise ꝛc. so zu ermitteln, wie oben sub a α §. 6—8 angegeben ist, nur mit dem Unterschiede, daß die jetzigen resp. dereinstigen Holzmassenerträge nicht nach der Annahme allgemeiner Durchschnittsproductionssätze, sondern nach der individuellen Beschaffenheit der vorhandenen Bestände zu bemessen sind. Bei Annahme des Abtriebes von Beständen in jüngerem Alter ist jedoch zu berücksichtigen, ob die auszubringenden Nutzholzsortimente, ohne die Preise zu drücken, in den vorhandenen resp. angenommenen Mengen verfifa

---

*) Bei An- und Verkäufen den Werth von Culturen und jungen Schonungen nach dem Erziehungsaufwande zu bemessen, ist um deshalb in der Regel nicht zutreffend, weil zur Beurtheilung der Rentabilität des Geschäfts der Erziehungsaufwand an sich keinen Anhalt giebt.

werthbar sind. Walten hiergegen Bedenken ob, so kommt in Frage, ob es nicht vortheilhafter ist, den Bestand noch länger fortwachsen zu lassen, oder ob der Abtrieb successive zu bewirken und auf wie viel Jahre er in diesem Falle zu vertheilen ist. Diejenige Benutzungsweise, bei welcher sich der höchste Geldwerth ergiebt, ist der Berechnung zum Grunde zu legen. Wird ein successiver Abtrieb gewählt, so darf der Zinsenverlust, welcher durch die Vertheilung des Abtriebes auf mehrere Jahre erfolgt, bei Bemessung des Jetztwerthes des Holzbestandes selbstverständlich nicht außer Acht bleiben. (Beispiel XVII.)

§. 18.

Außerdem ist bei den Berechnungen ad β und γ in Betracht zu ziehen, daß nach den Anordnungen über die Ermittelung des Bodenwerths bei selbstständig zu bewirthschaftenden Grundstücken (§. 6—8) der Werth des besonders berechneten Bodens erst nach dem Abtriebe des vorhandenen Holzbestandes in Geltung tritt, indem die Bodenrente für den Zeitraum bis zum Abtriebe des gegenwärtigen Holzbestandes in dem Bestandswerthe, wie er nach Vorstehendem zu berechnen, mit enthalten ist. Hieraus folgt, daß die dem absoluten Bodenwerthe entsprechende (die volle) Bodenrente nur von einem Holzbestande geliefert wird, dessen Massenerzeugung derjenigen mindestens gleich kommt, nach welcher der Bodenwerth berechnet ist, daß also, wenn die gegenwärtige Bestandsgüte unter der der Bodenwerthsberechnung zum Grunde gelegten Production resp. Bestandsgüte zurückbleibt, bis zum Abtriebe des gegenwärtigen Bestandes auch nicht die volle, dem absoluten Bodenwerthe entsprechende Bodenrente bezogen, mithin durch den mangelhaften Holzbestand eigentlich der relative Bodenwerth geschmälert wird. Je früher daher der mangelhafte Holzbestand beseitigt und durch einen voll produzirenden ersetzt wird, um so früher tritt der Bezug der vollen Bodenrente ein. —

Diese Erwägung ist nicht außer Acht zu lassen bei Entscheidung der Frage, in welchem Alter der Abtrieb des gegenwärtigen Bestandes anzunehmen ist. Denn es kann bei sehr geringer Bestandsgüte vortheilhaft sein, den gegenwärtigen Bestand früher zu verjüngen, als es nach den vorstehend ad β und γ erwähnten vergleichenden Berechnungen als zweckmäßig sich ergeben würde, da diese Berechnungen lediglich dazu dienen, den Zeitpunkt zu ermitteln, wann der gegenwärtige Holzbestand — für sich allein betrachtet — am Vortheilhaftesten zu verwerthen sein würde. Jeden Falls muß der Werthsberechnung eine so frühzeitige Verjüngung eines unvollkommenen Bestandes behufs baldigen Eintritts voller Geltung des absoluten Bodenwerths zum Grunde gelegt werden, daß die Summe des relativen Bodenwerths und des Bestandwerthes höher bleibt, als der absolute Bodenwerth, d. h. als der Werth der Fläche, wenn sie schon jetzt Blöße wäre.

§. 19.

Vorstehende Anordnungen gelten bezüglich des ökonomisch haubaren Holzbestandes (sub α.) allgemein, d. h. sowohl für ein selbstständig zu bewirthschaftendes, als auch für ein einem vorhandenen Waldcomplexe zuzuschlagendes Kaufobject. Die in Betreff der verwerthbaren und unverwerthbaren Holzbestände (β und γ) gegebenen Bestimmungen modifiziren sich dagegen für die einem bestehenden Waldcomplexe hinzutretenden Grundstücke (§. 9—11) nach der Erwägung, daß der Bodenwerth für diese Grundstücke nach der Durchschnittsproduction ohne Discontirung in Ansatz gebracht ist, mithin vom Zeitpunkte des Kaufes an die zukünftige Production in der Bezahlung des Bodenwerths voll ergriffen wird. Für einen auf der Ankaufsfläche vorhandenen, erst später zu nutzenden Bestand kann daher die an ihm weiterhin noch erfolgende Production nicht nochmals in Rechnung gestellt, sondern nur die bereits vorhandene Production noch besonders vergütet werden. Der Holzbestand ist daher bei einer Werthsberechnung nach §. 9—11 als eine angesammelte, gewisser Maßen überschießende Production anzusehen, deren zeitiger Werth mit Rücksicht auf den Zeitpunkt ihrer künftigen Nutzung durch Discontirung zu ermitteln ist. Dies geschieht, indem man die Geldwerthe, welche der Bestand bis zu seinem Abtriebe an Zwischen= und Hauptnutzung liefern wird, einfach summirt, durch die Jahre des Abtriebsalters dividirt, den so gefundenen Werth der Jahresproduction mit dem gegenwärtigen Alter des Bestandes multiplizirt und diesen Werth, da er erst bei dem künftigen Abtriebe des Bestandes zur Erhebung kommt, auf die bis dahin noch verfließenden Jahre mit 3 Prozent Zinseszins discontirt. (Beispiele XVIII. und XIX.)

Bei Festsetzung der Abtriebszeit eines solchen Bestandes sind übrigens die Regeln einer angemessenen Betriebsregulirung mit in Betracht zu ziehen.

§. 20.

Unter Umständen, d. h. beim Ankaufe großer Flächen absoluten Holzbodens oder größerer Waldcomplexe, welche nach forstwirthschaftlichen Regeln nachhaltig genutzt werden sollen, kann es auch am Orte sein, keine gesonderte Boden= und Holzwerthsberechnung anzulegen, sondern nach den für die Staatswaldungen gültigen Bestimmungen einen Betriebsplan aufzustellen und die Revenüen, welche sich dabei für die einzelnen Perioden resp. Umtriebszeiten ergeben, als Renten, welche nach einer bestimmten Zeit beginnen und nach einer bestimmten Zeit wieder aufhören (beiliegende Tafel VI.), zu 3 Prozent Zinseszins auf ihren jetzigen Kapitalwerth zu berechnen. — Bei der Regelung eines solchen Betriebes ist indessen, um die Nutzungen aus dem Holzvorrathe nicht auf zu lange Zeit zu vertheilen, darauf zu achten, daß die Umtriebszeiten nicht zu lang bestimmt werden; auch wird es in manchen Fällen nicht zu umgehen sein, die ersten Perioden stärker, als die letzteren, zu dotiren, wenn bei völliger Gleichstellung derselben die Nutzung der vorhandenen Holzvorräthe zu lange hinausgeschoben und in Folge dessen durch die Discontirung der Werth der letzteren zu sehr herabgedrückt würde. — Daß es für die späteren Umtriebe keiner weiteren Trennung der Werthe nach den einzelnen Perioden bedarf, sondern der Gesammtwerth des ersten Umtriebes als Grundlage für die Discontirung genügt, folgt aus dem Beispiele I.

Eben so wird es einer gesonderten Berechnung der Boden- und Bestandswerthe in bereits eingerichteten, d. h. in regelmäßige Jahresschläge eingetheilten Niederwaldungen häufig dann nicht bedürfen, wenn der vorhandene Bestand dem Productionsvermögen des Bodens entspricht. In den Fällen, in denen die obwaltenden Verhältnisse die Fortführung der bisherigen Wirthschaft anrathen resp. eine raschere Nutzung der vorhandenen Holzvorräthe durch Vorgreifen in die späteren Schläge nicht wahrscheinlich erscheinen lassen, wird es oft genügen, den durchschnittlichen Jahresertrag entweder aus den Rechnungen oder durch Einschätzung zu ermitteln und in dessen Kapitalisirung à 5 Prozent den Boden- und Bestandswerth gleichzeitig festzustellen. (Beispiel XX.)

§. 21.

ad c. Abzüge für Ausgaben und Lasten.

Die Abzüge, welche an den vorberechneten Erträgen zu machen sind, erstrecken sich

1) auf die Verwaltungs- und Schutzrbsten,
2) auf die Kulturkosten,
3) auf die Grundsteuer,
4) auf die Kommunalabgaben,
5) auf die Werthe der Servituten und sonstigen Reallasten und Abgaben.

§. 22.

ad 1. Die Verwaltungs- und Schutzkosten, deren Verausgabung nach dem Kaufabschlusse sofort beginnt und andauernd fortläuft, sind nach ihrer Jährlichkeit zu veranschlagen, und diese Rente ist mit dem 20fachen Betrage zum Kapital zu erheben. Dieses Kapital ist von dem biscontirten oder sonst nach der vorliegenden Anweisung festgestellten Schluß= werthe des Bodens und Holzbestandes in Abzug zu bringen. (Beispiel XXI.)

Wird das Grundstück einem Walde zugefügt, so ist zu erwägen, ob überhaupt resp. in wie weit durch den Hinzutritt des Kaufobjects nach dessen Lage und Umfang eine Vermehrung des bisherigen Ver= waltungs= und Schutzkostenaufwandes erforderlich wird und ist dann nur der wirkliche Mehraufwand in Ansatz zu stellen.

§. 23.

ad 2. Die Kulturkosten sind nach der Höhe der Arbeiterlöhne, nach den Boden= und sonstigen Verhältnissen unter Beachtung der Nach= besserungen pro Hektar zu veranschlagen.

Ist das Kaufobject eine Blöße, deren sofortiger Anbau nach den Bodenwerthsberechnungen vorausgesetzt werden muß, so ist der erforder= liche Kulturgelderbetrag da, wo der Bodenwerth durch Discontirung der Erträge auf den Jetztwerth gefunden ist, von dem Jetztwerthe der Holznutzungen im ersten Umtriebe in Abzug zu bringen und der Werth der Nutzungen in den späteren Umtrieben aus dem Reste zu ermitteln, wodurch auch die in den späteren Umtrieben aufzuwendenden Kultur= gelder ihre Berücksichtigung finden. (Beispiel XXII.)

Ist der Bodenwerth einer Blöße durch Kapitalisirung des Jahres= ertrages gefunden, so ist der einmalige Kulturkostenaufwand von dem so gefundenen Kapitalwerthe in Abzug zu bringen. (Beispiel XXIII.)

Handelt es sich um eine bestandene Fläche, so daß also der Kultur= gelderaufwand erst nach dem Abtriebe des Holzes zu bestreiten ist, so wird der Kulturkostenbetrag, ganz wie vorstehend angeordnet, bei der Ermitte= lung des (absoluten) Bodenwerths in Rechnung gestellt und findet dann die spätere Verausgabung desselben ihre Berücksichtigung bei Ueberführung des absoluten Bodenwerths in den relativen. (Beispiel XXIV.)

§. 24.

ad 3. und 4. Die Grundsteuer und die Communalabgaben sind in ihrem wirklichen Jahresbetrage und zwar die Communalabgaben nach einer 6 jährigen Fraction zu ermitteln. Der Jahresbetrag wird mit 20 zum Kapitale erhoben und letzteres von dem ermittelten Ge= sammtwerthe des Grundstücks in Abrechnung gestellt.

§. 25.

ad 5. Die Abzüge für die Werthsschmälerung, welche das Grund= stück durch darauf ruhende Servituten und sonstige Reallasten resp.

Realabgaben erleidet, sind nach denselben Principien, welche in §. 12. bezüglich der Activberechtigungen gegeben wurden, zu bemessen. Sofern durch dergleichen Servituten ꝛc. die Hauptnutzung oder die Neben=nutzungen eine Beeinträchtigung erleiden, ist dies bei deren Ver=anschlagung zu berücksichtigen. (Beispiel XXV.)

<h2 style="text-align:center">§. 26.</h2>

B. Berechnung des Werthes landwirthschaftlich zu benutzender Grundstücke.

Die Regelung des Verfahrens für die technische Berechnung des Werths der landwirthschaftlich zu benutzenden Flächen liegt außer=halb der Grenzen dieser Anleitung. Die desfallsige specielle Berechnung ist, geeigneten Falls unter Zuziehung eines ökonomischen Sachverstän=digen, nach landwirthschaftlichen Principien anzulegen, wobei nur nach=stehende Bestimmungen zu beachten sind.

Der Werth der nach ökonomischen Ermittelungen anzunehmenden Jahresproduction ist nach dem 6 jährigen Durchschnitte der Martini=Marktpreise zu berechnen. Der nach Abzug der Zinsen des Betriebs=kapitals, der Steuern und Abgaben, der Bestellungs=, Saat= ꝛc. Kosten hervorgetretene Nettowerth dieser Jahresproduction ist mit dem 20fachen, der Jahreswerth der Jagdnutzung mit dem $33\frac{1}{3}$ fachen Betrage zu capitalisiren.

Von diesem Kapitalwerthe sind die etwa aufzuwendenden Rodungs=Urbarmachungs=, Entwässerungs=Kosten und dergl. in Abzug zu bringen, in soweit nicht etwa die Umstände die Compensation dieser Kosten mit dem Werthe des zurückzulassenden Stockholzes angemessen erscheinen lassen.

Ist das fragliche Grundstück nicht mit Holz bestanden, so stellt der kapitalisirte Nettowerth der Jahresproduction, nachdem event. die vorberegten Abzüge erfolgt sind, unmittelbar den Werth des Grund=stücks dar. Ist dasselbe dagegen ganz oder theilweis mit Holz be=standen, so wird der Werth des aufstehenden Holzes in der Art berechnet, wie dies oben sub A. b. §. 13—19 für selbstständig zu bewirthschaftende Forstgrundstücke bestimmt ist.

Erfolgt danach die Versilberung des Holzbestandes nicht sofort, so darf auch der landwirthschaftliche Bodenwerth erst von dem Zeitpunkte ab, wo der durchgeführte Abtrieb die projectirte Nutzung für die ganze resp. für entsprechende Theile der Fläche gestattet, in Rechnung gestellt und muß dann der Jetztwerth durch Discontirung mit 3 Prozent Zinseszins ermittelt werden. Sollte sich hierbei ergeben, daß der Ge=sammt=Jetztwerth des Bodens und Holzbestandes incl. der Neben=

nutzungen niedriger ausfiele, als bei sofortiger landwirthschaftlicher Benutzung unter ungenügender oder gar nicht erfolgender Verwerthung des Holzbestandes, wie dies beispielsweise bei jungen Schonungen oder Culturen eintreten kann, so ist der Berechnung die sofortige landwirthschaftliche Benutzung zum Grunde zu legen. —

Tritt auf Grund der vorbesprochenen resp. der landwirthschaftlichen Berechnungen ein Resultat hervor, nach welchem der jährliche Reinertrag des Kaufobjekts von dem durchschnittlichen Pachterlöse erheblich abweicht, welcher in der Gegend für ähnliche Grundstücke aufkommt, so ist diese Abweichung unter gleichzeitiger Angabe der zur Zeit in der betreffenden Gegend üblichen Verkaufspreise für ähnliche Grundstücke zu erläutern.

Die in diesem Abschnitte enthaltenen Erörterungen beziehen sich, wie hier noch besonders hervorgehoben werden soll, nur auf die Fälle, in denen die Werthsberechnung auf eine andauernde Verwendung zu ökonomischen Zwecken begründet werden soll. Die Veranschlagung einer vorübergehenden landwirthschaftlichen Benutzung, z. B. zum Zwecke der Vorcultur, ist die Sache des Forsttaxators; er hat etwaige Erträge dieser Art unter den Nebennutzungen in Rechnung zu stellen.

§. 27.

II. Verkauf.

Bei den zum Verkauf zu stellenden Forstgrundstücken muß die Berechnung auf die Annahme einer solchen Benutzung des Bodens und event. des Holzbestandes gegründet werden, welche den höchsten Ertrag ergiebt. Dabei dürfen jedoch nur die in der Gegend üblichen Cultur- und Benutzungsarten zum Grunde gelegt und die unter gewöhnlichen Verhältnissen zu erwartenden Erträge in Rechnung gestellt werden, wenn es sich nicht um den unten sub III. zu besprechenden Fall der Expropriation handelt. Sofern resp. so weit also der Boden zur landwirthschaftlichen Benutzung geeignet und eine solche Benutzung nach seiner Lage zu den etwa verbleibenden Forsten zulässig ist, und die von der Holzzucht zu erwartenden Erträge nicht höher sind, ist die landwirthschaftliche Benutzung vorauszusetzen.

Im Uebrigen kommen dieselben Grundsätze, welche im Abschnitt sub I. für den Ankauf gegeben sind, zur Anwendung. Bezüglich des dort im §. 5. sub α und β gemachten Unterschiedes stellt sich jedoch für den verkaufenden Waldbesitzer die Frage nicht dahin, ob das Verkaufsobject einen selbstständigen Betrieb erhalten oder einem vorhandenen Walde zugefügt werden soll, sondern dahin, ob dasselbe von einem

Waldbezirke abgenommen wird oder nicht. Da im bejahenden Falle die Jahresproduction der Verkaufsfläche bei dem verbleibenden Walde sofort eingespart werden muß, dem Verkäufer also der Werth dieser Jahresproduction sofort verloren geht, so muß auch deren sofortiger Ersatz verlangt, d. h. der Werth der durchschnittlichen Jahresproduction ohne Rücksicht auf deren Erhebung, mithin ohne Disconto veranschlagt werden. (Beispiel XXVI.)

§. 28.

Sollte das abzuverkaufende Grundstück weder zu forstlichen noch zu landwirthschaftlichen Zwecken, sondern z. B. zur Errichtung von Gebäuden bestimmt sein, so ist dessen Werth nach den Lokalpreisen der Baustellen ꝛc. resp. nach den Vorschriften des nachfolgend in einem modificirten Auszuge angehängten Rescripts vom 29. November 1843 zu bemessen.

[ad §. 28.

Wenn die Erwerbung von Domanial = Anger= oder Auen= oder Straßenplätzen oder von anderen Domainen= und Forstparzellen zur Benutzung als Hof= und Baustellen oder als Hausgärten oder zur Erweiterung schon vorhandener Hof= und Baustellen oder Hausgärten oder zur Benutzung für einen sonstigen Gewerbebetrieb, als z. B. zum Holzplatz, zum Zimmerplatz ꝛc. nachgesucht oder deren Veräußerung zu solchem Zwecke sonst beschlossen wird, so ist, gleichviel, ob die Veräußerung aus freier Hand oder im Wege der Licitation geschehen soll, bei Berechnung des geringsten Veräußerungspreises stets der volle örtliche Verkehrswerth ähnlicher Grundstücke in der Art zum Grunde zu legen, daß die Zinsen davon als Reinertrag, von welchem nur die Vergütung für die Grundsteuer in Abzug zu bringen ist, angenommen werden, und es darf hierbei der Reinertrag des besten Ackerbodens der Gemeinde nur dann als Minimum gewählt werden, wenn die Ueberzeugung gewonnen ist, daß die Berechnung nach dem örtlichen Verkehrswerthe nicht höher zu stehen kommt.

Dieser örtliche Verkehrswerth wird sich zunächst an Orten oder in Gegenden, wo bereits ähnliche Grundstücke durch Licitation veräußert sind, aus den Resultaten dieser Versteigerungen entnehmen lassen, wenn dabei volle Concurrenz stattgefunden hat. Außerdem wird es auch den Domainen= und den Rentbeamten, sowie den Herren Departements = Räthen an Gelegenheit nicht fehlen, sich über die Resultate von Privatverkäufen und Ver- miethungen ähnlicher Grundstücke am Ort oder in der Nähe zu unterrichten und danach entsprechende Reinertragssätze pro Morgen und pro Quadratruthe zu arbitriren.

Kann aber auf diesem Wege ein sicherer Anhalt nicht erlangt werden, so wird man allenfalls auch auf den Grundzins zurück- gehen können, welcher einschließlich des Werths von Diensten und anderen Nebenverpflichtungen, bei der früheren Austhuung ähn- licher Grundstücke am Orte oder in der Nähe zur Zeit, als sie noch nicht gegen Kaufgeld veräußert zu werden pflegten, gefordert und übernommen worden ist.

Selten dürfte auch in der verkehrlosesten Gegend eine voll- ständige Hof= und Baustelle zu einem Büdner= (oder Käthner= oder Häusler=) Etablissement von etwa $\frac{1}{5}$ oder $\frac{1}{4}$ Morgen unter einer Abgabe von Einem Thaler jährlich ausgethan sein, wenn sie nicht etwa erst einem Bergabhange abgewonnen oder sonst erst durch kostspielige Vorbereitung für den Zweck brauchbar gemacht werden mußte.

Mit Rücksicht hierauf wird daher bestimmt, daß, wenn andere Nachrichten fehlen, auch unter den ungünstigsten örtlichen Verkehrsverhältnissen der Reinertragssatz von dergleichen Grundstücken in der Regel nicht unter 3 Thlr. pro Morgen oder 6 Pf. pro Quadratruthe (rund 36 M. pro ha oder 36 Pf. pro ar) anzunehmen ist. Soll eine Er= mäßigung eintreten, so muß diese besonders motivirt werden.

Eine Regel, nach welcher, und eine Grenze, bis zu welcher dieser Satz mit der zunehmenden Lebhaftigkeit des örtlichen Ver- kehrs zu steigern, läßt sich zwar im allgemeinen nicht bestimmen; da es jedoch gerade in den verkehrsreicheren Orten jedes Kreises auch am wenigsten an Gelegenheit fehlt, über die wirklichen Ver- laufs= und resp. Miethspreise solcher Grundstücke sichere Nach- richten einzuziehen, um hieraus einen Anhalt für die Festsetzung zu gewinnen, so wird die Königliche Regierung sich danach in Vergleichung mit vorstehendem Minimum auch für die in den ver- schiedenen Gegenden ihres Bezirks vorkommenden Zwischenver- hältnisse bald Mittelsätze bilden können, durch deren Anwendung dem wirklichen örtlichen Verkehrswerthe, wenn darüber sichere Nachrichten fehlen, wenigstens nahe getreten wird.

Berlin, den 29. November 1843.]

§. 29.

III. Expropriation.

In dem Specialfalle eines Verkaufes im Wege der Expropriation ist zwar im Allgemeinen ebenfalls nach den vorstehenden Anordnungen sub II. zu verfahren; es sind indessen den gesetzlichen Bestimmungen entsprechend nicht blos die gewöhnlichen, sondern auch die außerordentlichen Erträge und Werthe sowohl bei den Haupt= als bei den Nebennutzungen in Ansatz zu bringen und bei Bemessung der Ausgaben die dem Waldbesitzer günstigsten Annahmen zu stellen. Auch ist zu beachten, ob durch den zwangsweisen Abverkauf für das in den Händen der Forstverwaltung verbleibende Grundstück Gefahren, z. B. Windbruch, herbeigeführt werden, welche bisher nicht zu befürchten gewesen sind, oder ob durch Abschneiden kleiner zurückbleibender Parzellen ꝛc. die Bewirthschaftung erschwert resp. der Ertrag vermindert wird. Ist dies der Fall, so sind die durch diese Benachtheiligungen zu besorgenden Einnahmeausfälle in Gelde zu bemessen und durch entsprechende Zusätze zum Kaufgelde auszugleichen. Die Berechnungen dürfen sich indessen auch bei den Expropriationen nicht auf blos theoretische Speculationen stützen, sondern müssen sich innerhalb der Grenzen der Wirklichkeit und eines durchführbaren Betriebes bewegen.

§. 30.

IV. Tausch.

Für die Ermittelung des Werthes von Tauschflächen sind zwar an und für sich dieselben Gesichtspunkte maßgebend, welche für den Ankauf resp. Verkauf von Flächen Geltung haben.

Um indessen die für ein besseres Arrondissement der Forstcomplexe so wünschenswerthen Tauschgeschäfte nicht durch weitläufige und den gegenüberstehenden Interessenten oft wenig verständliche Rechnungsoperationen zu erschweren, muß dahin gestrebt werden, eine Einigung durch möglichst einfache und anschauliche Werthsdarstellungen zu erleichtern. Der Forsttechniker hat daher besondere Veranlassung, in jedem concreten Falle in Erwägung zu nehmen, wie sich das Verfahren bei der Werthsermittelung der gegenseitigen Tauschobjekte möglichst übersichtlich und wenig complicirt darstellen läßt. —

So wird, wenn es sich um den Austausch von unbestandenen Flächen handelt, in den meisten Fällen eine einfache Ausgleichungsberechnung nach den Durchschnittserträgen, also ein Verfahren genügen, welches die verschiedenen Güteklassen des Bodens nach der Fähigkeit seiner Productionskraft anspricht, diese Güteklassen auf eine einheitliche

Bonität zurückführt und danach den erforderlichen Umfang der beider=
seitigen Tauschflächen resp. den Geldwerth der Differenz bemißt. (Bei=
spiel XXVII)

Eben so wird — wenn auf einer oder auf beiden Seiten be=
standene Flächen zum Austausche gelangen — das Verfahren meist
dadurch an Uebersichtlichkeit resp. Einfachheit gewinnen, daß eine ge=
sonderte Ausgleichungsberechnung für die sich gegenüberstehenden Boden=
werthe und eine besondere Rechnung für die abzugeltenden Holzwerthe
angelegt wird.

Bei den anderweiten Vortheilen, welche für die Beteiligten mit
derartigen Austauschen verbunden sind, wird es nämlich auch in
solchen Fällen meist genügen, die Bodenwerthe nach den durchschnitt=
lichen Jahresproductionen ohne Rücksicht auf die Zeit ihrer Erhebung,
also in der vorberegten Art ohne Discontorechnung zu bemessen, und
letztere auf die Werthsberechnung der gegenüberstehenden Holzbestände
in der Art zu beschränken, wie dies oben sub I. b. γ. im §. 19 be=
züglich der als überschüssig bezeichneten Production, d. h. für den
Ankauf des Bestandes auf einer einem bestehenden Waldcomplexe an=
zufügenden Fläche angebeutet ist. Ob vielleicht auch für die Holzbestände
die den Interessenten oft anstößige Discontoberechnung vermieden werden
kann und zur Herbeiführung einer Einigung die vorhandenen Material=
massen lediglich als nach ihrem jetzigen Geldwerthe zu bemessende Vor=
räthe anzusehen oder — in so weit der Werth von Culturen und
jungen Schonungen in Frage steht — nach ihrem Erziehungsaufwande
(d. h. nach den verlegten Verwaltungs=, Schutz= und Culturkosten incl.
deren Zinsenvergütigung und nach dem während des Wachszeitraums
absorbirten Bodenwerthe) in Rechnung zu stellen sind, wird mit Rück=
sicht auf die Umstände des besonderen Falles und im Besonderen nach
der Rücksicht zu beurtheilen sein, ob das Alter und die Beschaffenheit
der Holzvorräthe, welche auf den sich gegenüberstehenden Tauschflächen
vorhanden sind, sehr erheblich von einander abweichende Nutzungs=
zeiten bedingen oder nicht.

Das Verfahren, welches vom Taxator in den einzelnen Fällen
gewählt worden ist, bleibt in den Begleitungsberichten resp. in einem
Promemoria zu begründen.

Stehen sich bei einem Tausche landwirthschaftlich und forstlich zu
bewirthschaftende Flächen gegenüber, so ist jedes Grundstück in seinem
Werthe nach der Nutzungsweise, für welche es in Zukunft bestimmt
wird, und zwar nach den oben sub I. und II. gegebenen Vorschriften,
zu veranschlagen.

§. 31.

V. Prüfung, ob ein Grundstück bei der Benutzung zur Holzzucht oder zu landwirthschaftlichen Zwecken höhere Erträge gewährt.

Bei Veranschlagung der Walderträge ist nach denselben Grundsätzen, welche sub I. und II. dargelegt sind, zu verfahren. Es ist daher zu unterscheiden, ob es sich um eine isolirte resp. für sich bestehende Fläche, oder um eine solche handelt, welche zu einem größeren Waldcomplexe gehört. Im ersteren Falle sind die Werthe der forstlichen Nutzungen unter Berücksichtigung der Erhebungszeiten, also mit Disconto zu berechnen. Im letzteren Falle, — wo die Jahresproduction der betreffenden Fläche dem zugehörigen Waldcomplexe zu Gute kommt, der Abnutzungssatz der Gesammtforst resp. die Einnahme aus solcher mithin um die Jahresproduction der betreffenden Fläche, je nachdem sie als Forst benutzt wird oder nicht, sich sofort erhöht oder vermindert — bildet einfach der kapitalisirte Werth der Jahresproduction (§. 9.) den Maßstab für den Bruttoertrag des Grundstücks bei forstlicher Bewirthschaftung. Bezüglich der Anrechnung der Nebennutzungen, Lasten, Verwaltungs=, Schutz= und Culturkosten ist gleichfalls das ad I. Gesagte, im Besonderen also auch der im §. 22 hervorgehobene Umstand zu beachten, ob bei dem eventuellen Ausscheiden einer bestimmten Fläche aus einem Waldcomplexe eine Verminderung der Verwaltungs= und Schutzkosten nach Lage der Verhältnisse in der That eintritt.

§. 32.

Außerdem wird darauf hingewiesen, daß die in diesem Abschnitte behandelten Berechnungen in der Regel nicht den Zweck haben, festzustellen, ob der Eigenthümer eines Areals aus der forstlichen oder landwirthschaftlichen Benutzung seines Grundstücks ein größeres baares Einkommen zu beziehen vermag, sondern daß es sich mit Bezug auf den Artikel X. des Gesetzes vom 2. März 1850, betreffend die Ergänzung und Abänderung der Gemeinheitstheilungs=Ordnung vom 7. Juni 1821, meist um die Frage handelt, ob die durch die agrarische Gesetzgebung zu fördernden volkswirthschaftlichen Interessen ihre Rechnung mehr bei einer forstlichen oder landwirthschaftlichen Benutzung eines Grundstücks finden. Der Gutachter hat daher bei Fertigung seiner Arbeit in der Regel nicht den Standpunkt des Grundbesitzers, d. h. also nicht das dem letzteren zufließende baare Einkommen, als Ausgangspunkt der Berechnung zu nehmen, sondern die gesammte, dem Staatsverbande zu

Gute kommende Production. Er hat mithin bei der hier in Rede stehenden Prüfung mehr als es bei den in den früheren Abschnitten behandelten Fällen nöthig war, sein Augenmerk auch auf die Productionen des Waldes zu richten, welche — wie Raff- und Leseholz, Stockholz, Weide, Streu und dergleichen — dem Waldeigenthümer oft nur ein geringes Einkommen abwerfen, im allgemeinen volkswirthschaftlichen Interesse dagegen eine sehr beachtenswerthe Bedeutung gewinnen.

§. 33.

Von diesem Gesichtspunkte aus ist auch Folgendes zu beachten:

Befinden sich junge Bestände auf der Fläche, welche bei sofortigem Abtriebe noch nicht verwerthbar sind, oder welche doch den Geldertrag, den sie im passendsten Haubarkeitsalter liefern würden, jetzt noch nicht gewähren, so muß untersucht werden, ob der mit 3 Prozent Zinseszinsen auf den Jetztwerth reducirte Haubarkeitsertrag höher ist, als der gegenwärtige Verkaufswerth des Bestandes. Ist dies der Fall, so bleibt die Differenz den Aufwendungen zuzurechnen, welche zur Herstellung der landwirthschaftlichen Benutzung an Rodelöhnen, Urbarmachungskosten ꝛc. erforderlich sind, da diese Differenz als ein Verlust, welchen das Nationaleinkommen durch die sofortige Umwandlung in Acker oder Wiese erfährt, nicht außer Rechnung bleiben darf. (Beispiel XXVIII.)

§. 34.

In gleicher Weise sind den Aufwendungen zur Herbeiführung der landwirthschaftlichen Benutzung diejenigen Verluste zuzurechnen, welche daraus hervorgehen, daß Bestände zum Abtriebe gelangen, welche an sich zwar haubar sind, aber wegen des Umfanges der Fläche in dem für den Abtrieb angenommenen Zeitraume nicht beseitigt werden können, ohne mit den üblichen Hauerlöhnen hinauf- oder mit den Verkaufspreisen des Materials, welche aus einer dreijährigen Fraction zu ermitteln sind, hinunterzugehen. (Beispiel XXIX.)

§. 35.

Endlich sind auch die Nachteile, welche bei event. Ausscheidung des Grundstücks aus dem forstlichen Verbande etwa durch Parzellenbildung oder, was nicht selten der Fall ist, durch Oeffnung der verbleibenden Bestände für Windbruchsbeschädigungen und dergleichen entstehen, zu beachten und in Rechnung zu stellen. (Beispiel XXVIII.)

Die Abzüge, welche durch Umstände, wie die vorerwähnten, von dem landwirthschaftlichen Ertrage des Grundstücks zu machen motivirt erscheint, sind von dem Forsttechniker zu berechnen und am Schlusse seiner Ertrags- resp. Werthsberechnung speciell und motivirt nachzuweisen, damit sie entweder bei der Feststellung des Waldertrages oder aber von dem ökonomischen Sachverständigen, welcher im Uebrigen die Rentabilität des Grundstücks bei einer landwirthschaftlichen Benutzung im Wesentlichen nach den Andeutungen des §. 26 sub I. B. zu veranschlagen hat, berücksichtigt werden.

§. 36.

VI. Berechnung des Werthes der für Holz- und andere Waldberechtigungen zu gewährenden Abfindungsländereien.

Bei Landabtretungen zur Abfindung von Berechtigten aus Königlichen Forsten ist — wenn das Ablösungsverfahren von den Verwaltungsbehörden geleitet wird — der Werth abzugebender Abfindungsgrundstücke nach den Vorschriften sub II. zu bemessen resp. ein etwaiger Vergleichsvorschlag unter Anlehnung an dieselben zu begutachten.

Da bei ganz freier Benutzung eines Grundstücks der Reinertrag in der Regel höher sein muß, als er bei einer durch Servituten beschränkten Benutzung sein kann, so wird bei Bestimmung des Werthes einer Abfindungsfläche der Ertrag, mit welchem sie dem Empfänger anzurechnen ist, in der Regel höher sein müssen, als der Ertrag, den sie bisher durch die Servitutnutzungen und durch die Nutzungen des Eigenthümers zusammen genommen hat liefern können. Unter allen Umständen muß aber der Reinertrag, nach welchem der Werth einer Abfindungsfläche bestimmt wird, mindestens der Summe aller derjenigen Erträge gleich kommen, welche einerseits für die verschiedenen einzelnen Berechtigungen bei der Sollhabenberechnung in Ansatz gebracht und andererseits als dem Eigenthümer auf sein Nutzungsrecht zustehend zu berechnen sind.

Wenn daher z. B. bei der Sollhabenberechnung der Reinertrag der Servitutnutzungen eines Grundstücks für Raff- und Leseholz, für alles Reisig- und Stockholz, für Weide und für Streu zusammen mit 6 ℳ pro ha in Ansatz gebracht ist, und der Reinertrag der dem Eigenthümer zustehenden Derbholznutzung, Mast- und Jagdnutzung, wie solcher bei dem Bestehen jener Servituten erfolgen kann, zu 14 ℳ pro ha zu berechnen ist, so muß der Werth dieses Grundstücks als Abfindungsobject mindestens auf 20 ℳ Reinertrag bestimmt werden, vorausgesetzt, daß die speciell zu gewährende Abfindungsfläche, was indessen wohl höchst selten der Fall sein dürfte, nicht unter der mittleren Bodengüte des gesammten belasteten Areals steht.

§. 37.

VII. Schadenersatzberechnungen.

Schadenersatzforderungen — mögen sie in unerlaubten Handlungen, z. B. im §. 18 des Holzdiebstahlsgesetzes vom 2. Juni 1852 oder in anderen Umständen, z. B. in Truppenmanövers, Schießübungen, Brandschäden und dergleichen ihre Veranlassung haben — werden sich meist beziehen, entweder auf die Werthsverminderung einzelner Bäume oder auf die Productionsverminderung einer Fläche.

Im ersteren Falle ist der verminderte Gebrauchswerth der Bäume von einem Techniker zu bemessen, und sofort entweder ganz oder — wenn die Bäume zur Erlangung des ohne die Beschädigung zu erwarten gewesenen Gebrauchswerthes noch einige Zeit hätten fortwachsen müssen — mit dem Betrage zu zahlen, welcher sich bei einer Discontirung des Differenzbetrages à 3 Prozent Zinseszins auf den Jetztwerth ergiebt. (Beispiel XXX.)

Im letzteren Falle ist die Höhe und der Zeitraum des Productionsverlustes der Fläche festzustellen. Bei dieser Feststellung wird zu unterscheiden sein, ob der Productionsverlust

a) die Vergangenheit, oder
b) die Zukunft betrifft.

Der Fall ad a. wird bei Culturen und jungen Schonungen vorliegen, in denen durch Wiedercultur die Productionsverminderung der Fläche für die Zukunft meist wird beseitigt werden können. Hier sind die Kosten der Wiedercultur und der Werth des Erziehungsaufwandes der vernichteten Schonung sofort zu vergüten. (Beispiel XXXI.)

Der Fall ad b. wird meist in älteren Beständen dadurch eintreten, daß in Folge der Beschädigung kleinere Lücken entstanden sind, welche bis zum Abtriebe des umgebenden Bestandes mit Erfolg nicht wiederum aufgeforstet werden können oder daß z. B. im Mittelwalde durch Fortnahme der beschädigten Oberbäume Verluste im Werthe der Production herbeigeführt werden. Bei derartigen Beschädigungen ist zu begutachten, wie groß die Fläche ist, welche bis zur nächsten Verjüngung als productionslos angesehen werden muß, welchen Werth die aufgehobene Production dieser Fläche, wenn sie nicht gestört worde wäre, zur Zeit ihrer ordnungsmäßigen Nutzung gehabt haben würde und dieser Werth ist alsdann mit 3 Prozent Zinseszins auf den Jetztwerth zu discontiren. (Beispiel XXXII.)

Der sich hiernach ergebende Betrag ist zu zahlen, bei Holzdieb-
stählen indessen auf denselben der bereits gezahlte Werth des entwendeten Materials (— nicht aber die Strafe —) in Anrechnung zu
bringen.

§. 38.

VIII. Grundsteuerveranlagung.

Für die Veranlagung der Forsten zur Grundsteuer sind die Vorschriften der technischen Anleitung vom 17. Juni 1861 zur Ausführung
des Gesetzes vom 21. Mai 1861, betreffend die anderweite Regelung
der Grundsteuer, in Beziehung auf Ermittelung des Reinertrages der
Holzungen maßgebend. Für die Fälle, daß derartige Veranlagungen
noch vorkommen sollten, wird daher auf diese Anleitung verwiesen
und hier nur bemerkt, daß die in der Anlage 2 zu dieser Anleitung
gegebenen Durchschnittsertragstafeln nach den Principien der Grund-
steuerveranlagung nur mäßige Ansätze enthalten und daher für die
Bemessung der Durchschnittsproductionen auf den verschiedenen Bodenklassen zu andern als Grundsteuerveranlagungszwecken nur mit Vorsicht
resp. nach vorheriger Prüfung Anwendung finden können.

Schließlich wird noch bemerkt, daß in allen denjenigen Fällen,
wo bei der Ermittelung von Waldwerthen die Rechnung mit Zinseszinsen zur Anwendung kommt, anzunehmen ist, daß die Zinsen in
jährlichen Terminen am Jahresschlusse fällig werden. Diese Annahme
ist den angefügten Tafeln zum Grunde gelegt und sind dieselben
daher für die betreffenden Rechnungsoperationen zu benutzen.

Beispiele zur Waldwerthberechnung.

Beispiel I. (ad § 6).

Der Werth eines Hektar Blöße, II. Bodenklasse für Kiefern, ist unter Annahme eines 80 jährigen Umtriebes zu berechnen (absoluter Bodenwerth). — Nebennutzungen, Culturkosten, Lasten ꝛc. bleiben einstweilen außer Ansatz. —

A. Im Laufe des 1. Umtriebes werden erfolgen

a) an Durchforstungen:

α) im 20ten Jahre: 40 rm Reisig à 0,45 $\mathscr{M}$ reiner Holz=
werth $=$ 18 $\mathscr{M}$

nach der beiliegenden Tafel II. mit 3 Prozent Zinseszins auf den Jetztwert reducirt

$=$ 18 $\mathscr{M} \times 0{,}5537$ . . . . $=$ $\quad$ 9,966 $\mathscr{M}$

β) im 40ten Jahre: 25 rm Knüppel

$$\text{à } 1{,}80 \ \mathscr{M} = 45 \ \mathscr{M}$$
$$25 \text{ rm Reisig à } 0{,}45 \ \text{\textquotedbl} = 11{,}25 \ \text{\textquotedbl}$$
$$\text{Summa } 56{,}25 \ \mathscr{M}$$

wie ad α. nach Tafel II. auf den Jetztwerth reducirt $= 56{,}25 \ \mathscr{M} \times 0{,}3066$ . . . . $=$ $\quad$ 17,246 $\text{\textquotedbl}$

γ) im 60ten Jahre: 40 rm Knüppel à 1,80 $\mathscr{M}$ $= 72 \ \mathscr{M}$, nach Tafel II. auf den Jetztwerth reducirt $= 72 \ \mathscr{M} \times 0{,}1697$ . . . . $=$ $\quad$ 12,218 $\text{\textquotedbl}$

b) an Abtriebserträgen im 80ten Jahre:

$$156 \text{ rm Nutzholz à } 6{,}30 \ \mathscr{M} = 982{,}80 \ \mathscr{M}$$
$$104 \ \text{\textquotedbl} \ \text{Kloben} \quad \text{à } 3{,}60 \ \text{\textquotedbl} = 374{,}40 \ \text{\textquotedbl}$$
$$65 \ \text{\textquotedbl} \ \text{Knüppel à } 1{,}80 \ \text{\textquotedbl} = 117{,}00 \ \text{\textquotedbl}$$
$$78 \ \text{\textquotedbl} \ \text{Stockholz à } 0{,}60 \ \text{\textquotedbl} = 46{,}80 \ \text{\textquotedbl}$$
$$78 \ \text{\textquotedbl} \ \text{Reisig} \quad \text{à } 0{,}45 \ \text{\textquotedbl} = 35{,}10 \ \text{\textquotedbl}$$
$$\text{Summa } 1556{,}10 \ \mathscr{M},$$

deren Jetztwerth nach Tafel II. $= 1556{,}10 \ \mathscr{M}$ $\times 0{,}0940$ . . . . $= 146{,}273 \ \text{\textquotedbl}$

Sa. A. Jetztwerth der Holzerzeugung des 1. Um=
triebes . . . . $= 185{,}703 \ \mathscr{M}$

Transport 185,703 $\mathcal{M}$

B. Der Werth der Holzerzeugung der späteren Umtriebe ist zu berechnen als intermittirend alle 80 Jahre eingehende Rente von 185,703 $\mathcal{M}$ nach der beiliegenden Tafel III. mit 3 Prozent Zinseszins = 185,703 $\mathcal{M}$ $\times$ 0,1037 . . . . = 19,257 „

Jetztwerth der gesammten Holzerzeugung (absoluter Bodenwerth) . . . . = 204,960 $\mathcal{M}$

Da es sich um eine Blöße handelt, so ist der relative Bodenwerth dem absoluten gleich.

Beispiel II. (ad § 6.)

Der Werth eines Hektar einer zum Anbau mit Erlen geeigneten, demnächst zweckmäßig als Niederwald im 30jährigen Umtriebe zu bewirthschaftenden Fläche ist zu berechnen (absoluter Bodenwerth). — Nebennutzungen, Culturkosten, Lasten 2c. bleiben vorläufig außer Ansatz.

Die Fläche muß für sich bewirthschaftet werden. Die Holzerträge erfolgen daher nur periodisch.

Beim jedesmaligen Abtriebe von 30 zu 30 Jahren sind pro ha zu erwarten:

26 rm Kloben à 4 $\mathcal{M}$ (reiner Holzwerth) = 104 $\mathcal{M}$
208 „ Knüppel à 2,25 „ . . . . = 468 „
156 „ Reiser à 0,75 „ . . . . = 117 „
zusammen 689 $\mathcal{M}$
rund 690 „

Die 690 $\mathcal{M}$ gehen alle 30 Jahre ein. Der jährliche Durchschnittsertrag ist daher = $\frac{690}{30}$ $\mathcal{M}$ = 23 $\mathcal{M}$. Derselbe entspricht à 5 Prozent einem Kapitale von 23 $\mathcal{M} \times 20$ = 460 $\mathfrak{M}$. Dieser Kapitalwert ist bei $\frac{30}{5}$ = 6 Jahren als voll vorhanden anzunehmen. Der Jetztwerth der Holznutzung berechnet sich somit (beiliegende Tafel II.) à 3 Prozent pro ha auf 460 $\mathcal{M} \times 0{,}8375$ = 385,25 $\mathcal{M}$ (absoluter Bodenwerth).

Da es sich um eine Blöße handelt, so ist der absolute Bodenwerth dem relativen gleich.

Läge zur Erwerbung der vorbehandelten Fläche für sich allein betrachtet kein besonderes Interesse vor, wäre beispielsweise die vom gegenwärtigen Besitzer gemachte Verkaufsofferte nur mit Rücksicht auf andere wünschenswerthe, nach und nach zu verfolgende Erwerbungen

beachtenswerth oder wäre der bereinstige Ertrag des Grundstücks viel=
leicht mit Rücksicht auf die muthmaßlichen Erfolge einer nothwendig
vorzunehmenden Entwässerung angesprochen, so würde es sich recht=
fertigen, den Discontirungszeitraum höher als $^1/_5$ der Umtriebszeit,
beispielsweise mit $^1/_3$, also auf 10 Jahre anzunehmen. Es würde sich
dann der Jetztwerth der Holznutzung (absoluter Bodenwerth) be=
rechnen auf: 460 $\mathcal{M} \times 0{,}_{7441}$ (Faktor bei 10 Jahren à 3 Prozent,
Tafel II.) $= 342{,}_{286}$ $\mathcal{M}$.

Vergleichendes Beispiel III.

In dem vorstehenden Beispiele II. ist bei periodischen Nutzungen
von 690 $\mathcal{M}$ von 30 zu 30 Jahren ein Jetztwerth von 385$,_{25}$ $\mathcal{M}$
pro ha berechnet worden.

Würden diese 385$,_{25}$ $\mathcal{M}$ zu 5 Prozent einfacher Zinsen ange=
legt, so betragen Kapital und Zinsen nach 30 Jahren:

$$385{,}_{25} \times 2{,}_5 \ldots\ldots\ldots\ldots\ldots\ldots = 963{,}_{125} \; \mathcal{M}$$

Der 1. Abtrieb nach 30 Jahren bringt (Bei=
spiel II.) $\ldots\ldots\ldots\ldots = 690 \qquad {''}$

Es bleiben also übrig $273{,}_{125}$ $\mathcal{M}$

Diese zu 5 Prozent einfachen Zinsen angelegt, ver=
mehren sich nach wiederum 30 Jahren auf:

$$273{,}_{125} \times 2{,}_5 \ldots\ldots\ldots 682{,}_{81} \; \mathcal{M}$$

Der 2. Abtrieb nach 60 Jahren bringt $\ldots 690 \qquad {''}$

Hiernach wird der Kaufpreis nebst 5 Prozent einfacher Zinsen
nach 60 Jahren völlig gedeckt und der Käufer hat das Grundstück dann
umsonst. Es fragt sich daher, ob der Kaufpreis nicht zu niedrig be=
rechnet war. Nachstehende Erwägung dürfte dies verneinen. Kann ein
Kapitalist nach den unterstellten Geldverhältnissen sein Geld zu 5 Pro=
zent unschwer in der Art anlegen, daß er die Zinsen halbjährlich oder
jährlich beziehen, auch wohl eine jährliche Kündigungsfrist des Kapitals
stipuliren kann, so wird er sich zu einer Kapitalsanlage, bei welcher
er sein Geld binden und die einfachen Zinsen erst alle 30 Jahre
empfangen soll, nur entschließen, wenn er für die gedachten Erschwernisse
durch einen höheren Zinsengenuß entschädigt wird. Für eine derartige
Entschädigung dürfte kaum erheblich weniger als 1 Prozent angenom=
men, im Ganzen also ein Bezug von etwa 6 Prozent einfacher Zinsen
gefordert werden. Bei dieser Annahme modificirt sich nun obige
Rechnung dahin, daß das Kapital von 385$,_{25}$ $\mathcal{M}$ nebst 6 Prozent ein=
facher Zinsen nach 30 Jahren angewachsen ist auf:

$$(385{,}_{25} \times 2{,}_8) \ldots\ldots\ldots\ldots = 1078{,}_{70} \; \mathcal{M}$$

Der erste Abtrieb nach 30 Jahren bringt $\ldots\ldots = 690{,}_{00} \qquad {''}$

Es bleiben mithin $= 388{,}_{70}$ $\mathcal{M}$.

also noch etwas mehr als der ursprüngliche Kaufpreis, woraus folgt, daß der Käufer für die beregten Erschwernisse noch nicht voll 1 Prozent Vergütigung erhält. Der Kaufpreis dürfte hiernach nicht zu niedrig bemessen sein.

Vergleichendes Beispiel IV.

Würde man bei einem 10jährigen Umtriebe einen jedesmaligen Abtriebsertrag von 240 $\mathcal{M}$ pro ha, also einen jährlichen Durchschnittsertrag von 24 $\mathcal{M}$ erlangen, so berechnet sich der Jetztwerth nach Analogie des Beispiels II. auf: $(24\ \mathcal{M} \times 20) = 480\ \mathcal{M} \times 0{,}9426$ (Jahr $\frac{10}{5} = 2$ der Tafel II. bei 3 Prozent) $= 452{,}448\ \mathcal{M}$.

Würden diese 452,448 $\mathcal{M}$ zu 5 Prozent einfachen Zinsen angelegt, so betragen Kapital und Zinsen nach 10 Jahren:

$452{,}448 \times 1{,}5$ . . . . $= 678{,}672\ \mathcal{M}$

Der 1. Abtrieb nach 10 Jahren bringt . . . . 240 „

Es bleiben also übrig 438,672 „

Diese zu 5 Prozent einfachen Zinsen angelegt, vermehren sich nach wiederum 10 Jahren auf:

$438{,}672\ \mathcal{M} \times 1{,}5$ . . . . $= 658{,}008\ \mathcal{M}$

Der 2. Abtrieb nach 20 Jahren bringt . . . . 240 „

Es bleiben also übrig 418,008 $\mathcal{M}$

Diese zu 5 Prozent einfachen Zinsen angelegt, vermehren sich nach wiederum 10 Jahren auf:

$418{,}008\ \mathcal{M} \times 1{,}5$ . . . . $= 627{,}012\ \mathcal{M}$

Der 3. Abtrieb nach 30 Jahren bringt . . . . 240 „

Es bleiben also übrig 387,012 $\mathcal{M}$

Diese zu 5 Prozent einfachen Zinsen angelegt, vermehren sich nach wiederum 10 Jahren auf:

$387{,}012\ \mathcal{M} \times 1{,}5$ . . . . $= 580{,}518\ \mathcal{M}$

Der 4. Abtrieb nach 40 Jahren bringt . . . . 240 „

Es bleiben also übrig 340,518 $\mathcal{M}$

Diese zu 5 Prozent einfachen Zinsen angelegt, vermehren sich nach wiederum 10 Jahren auf:

$340{,}518\ \mathcal{M} \times 1{,}5$ . . . . $= 510{,}777\ \mathcal{M}$

Der 5. Abtrieb nach 50 Jahren bringt . . . . 240 „

Es bleiben also übrig 270,777 $\mathcal{M}$

Diese zu 5 Prozent einfachen Zinsen angelegt vermehren sich nach wiederum 10 Jahren auf:

$270{,}777\ \mathcal{M} \times 1{,}5$ . . . . $= 406{,}165\ \mathcal{M}$

Der 6. Abtrieb nach 60 Jahren bringt . . . . 240 „

Es bleiben also übrig 166,165 $\mathcal{M}$

Diese zu 5 Prozent einfachen Zinsen angelegt, ver=
mehren sich nach wiederum 10 Jahren auf:

$$166{,}_{165}\ \mathcal{M} \times 1{,}_5 \ldots\ldots\ldots\ldots\ldots\ldots = 249{,}_{248}\ \mathcal{M}$$

Der 7. **Abtrieb** nach 70 Jahren bringt . . . . 240 „

Es bleibt also nach 70 Jahren noch ein Rest von 9,248 $\mathcal{M}$

Daß in dem vorstehenden Beispiele der Kaufpreis nebst 5 Prozent
einfacher Zinsen erst nach 70 Jahren völlig ersetzt wird, während dieser
Zeitpunkt im Beispiele III. bereits nach 60 Jahren eintritt, dürfte mit
Rücksicht auf die Annehmlichkeit eines rascheren Eingehens der Renten
völlig angemessen erscheinen.

Beispiel V. (ad §. 7.)

Wäre der Boden im Beispiele I. mit 60jährigem Holze bestan=
den, welches noch 20 Jahre fortwachsen muß, bevor es zum Einschlage
gelangt, so würde der relative Bodenwerth aus dem absoluten durch
Discontirung mit 3 Prozent Zinseszins auf 20 Jahre nach der bei=
liegenden Tafel II. zu berechnen, also = 204,96 $\mathcal{M} \times 0{,}_{5537}$ =
113,49 $\mathcal{M}$ sein.

Beispiel VI. (ad §. 7.)

Wäre der Boden im Beispiele II. mit 25jährigem Holze bestanden,
welches noch 5 Jahre fortwachsen muß, bevor es zum Einschlage
gelangt, so würde der relative Bodenwerth aus dem absoluten durch
Discontirung mit 3 Prozent Zinseszins auf 5 Jahre nach Tafel II.
zu berechnen, also = 385,25 $\mathcal{M} \times 0{,}_{8626}$ = 332,32 $\mathcal{M}$ sein.

Beispiel VII. (ad §. 9.)

Träte die Fläche im Beispiele I. einem vorhandenen Walde hinzu,
der eine genügende Menge schlagbaren Holzes enthält, um die Durch=
schnittsproduction der hinzukommenden Fläche durch Verstärkung des
Einschlages sofort nutzen zu können, so würde diese Durchschnitts=
production auf Grund der Zahlen im Beispiele I. ihrem Geldwerthe
nach zu berechnen sein, wie folgt:

Durchforstung im 20. Jahre =	18,00	$\mathcal{M}$
„ „ 40. „ =	56,25	„
„ „ 60. „ =	72,00	„
Abtriebsertrag „ 80. „ =	1556,10	„
Werth der Holzerzeugung		
während des 80jährigen		
Umtriebes 1702,35		$\mathcal{M}$

Der durchschnittliche jährliche Ertrag ist mithin $= \frac{1702,35}{80}$ $\mathscr{M}$ $= 21,28$ $\mathscr{M}$.

Diese jährliche Rente 20fach capitalisirt, ergiebt als Bodenwerth — abgesehen von Nebennutzungen, Cultur=, Verwaltungskosten 2c. — $= 425,60$ $\mathscr{M}$.

Unter denselben Vorbedingungen würde in dem Beispiele II. die Zurückdiscontirung des 20fachen Betrages der jährlichen durchschnittlichen Holzrente für einen Theil der Umtriebszeit fortfallen.

Beispiel VIII (ad §. 10.)

Wäre die hinzutretende Fläche ad VII. mit 60jährigem Holze bestanden, das bis zum Abtriebe noch 20 Jahre fortwachsen müßte, und wäre der Vollbestandsfaktor nur $0,6$, so wäre die obige Rente von $21,28$ $\mathscr{M}$ zu zerlegen nach dem Verhältnisse von $0,6$ und $0,4$ in die beiden Theile:

$$12,768 \; \mathscr{M}, \text{ und}$$
$$8,512 \; „$$
$$\text{Summa } 21,280 \; \mathscr{M}$$

Ersterer Theil entspricht, mit 20 capitalisirt, einer Summe von
$$255,36 \; \mathscr{M}$$
letzterer von $170,24$ $„$
$$\text{Summa } 425,60 \; \mathscr{M}$$

Da die Nutzung des Kapitals von $170,24$ $\mathscr{M}$ erst nach dem Abtriebe des jetzigen Bestandes, also nach 20 Jahren, zugänglich wird, so ist der Jetztwerth nach der beiliegenden Tafel II. mit 3 Prozent Zinseszins zu ermitteln $= 170,24$ $\mathscr{M} \times 0,5537 = 94,26$ $\mathscr{M}$

Das erstere Kapital von . . . . $255,36$ $„$

ist voll in Rechnung zu stellen

(Relativer) Bodenwerth . . . . $349,62$ $\mathscr{M}$

Beispiel IX. (ad §. 11.)

Wäre das Altersklassenverhältniß in dem vorhandenen Walde ein solches, daß erst nach 15 Jahren die durchschnittliche Holzerzeugung auf der hinzutretenden Fläche (Beispiel VII.) zur Nutzung gelangen könnte, so würde der Kapitalwerth von $425,60$ $\mathscr{M}$ mit 3 Prozent Zinseszins nach der Tafel II. auf 15 Jahre zu discontiren sein $= 425,60 \times 0,6419 = 273,19$ $\mathscr{M}$.

Beispiel X. (ad §. 11.)

Wollte man die Abnutzung in dem vorhandenen Walde erst nach 30 Jahren um die durchschnittliche Holzproduktion einer hinzutretenden Blöße (Beispiel VII.) verstärken, so würde die Discontirung obiger 425,60 $\mathcal{M}$ ergeben:

$$425{,}_{60} \; \mathcal{M} \times 0{,}_{4120} = 175{,}_{35} \; \mathcal{M}$$

Da dieser Wert geringer ist, als der nach Beispiel I. mit 240,960 $\mathcal{M}$ sich ergebende, so ist er nicht anwendbar, und die Berechnung ist nach Beispiel I. zu bewirken.

Beispiel XI. (ad §. 11.)

Könnte nach den Bestandverhältnissen des vorhandenen Waldes von der 21,28 $\mathcal{M}$ pro ha (Beispiel VII.) betragenden jährlichen Durchschnittsproduction einer mit 141 ha hinzutretenden Fläche, also von rund 3000 $\mathcal{M}$ Jahresproduktionswerth, nur 0,6 durch Verstärkung des Einschlages sofort genutzt werden, 0,4 aber erst nach Ablauf von 80 Jahren, so würde der Productionswerth von 3000 $\mathcal{M}$ zu zerlegen sein in 1800 und 1200 $\mathcal{M}$. Erstere Summe entspricht einem Kapitale von 36000 $\mathcal{M}$, letztere einem solchen von 24000 $\mathcal{M}$. Da diese 24000 $\mathcal{M}$ erst nach 80 Jahren nutzbringend werden, so erfolgt die Discontirung mit 3 Prozent Zinseszins nach der beiliegenden Tafel II. auf 80 Jahre = 24000 $\mathcal{M} \times 0{,}_{0940}$ = 2256 $\mathcal{M}$. Der Bodenwerth beträgt demnach nicht 60000 $\mathcal{M}$, wie sich durch einfache Kapitalisirung obiger 3000 $\mathcal{M}$ ergeben würde, sondern

$$
\begin{aligned}
&\quad\;\; 36000 \; \mathcal{M} \\
&\underline{\text{plus} \quad 2256 \quad \text{„}} \\
&\text{Summa } 38256 \; \mathcal{M}.
\end{aligned}
$$

Beispiel XII. (ad §. 11.)

Könnten von der jährlichen, 3000 $\mathcal{M}$ betragenden Durchschnittsproduction des im Beispiel XI. erwähnten Grundstücks nur 0,2, also 600 $\mathcal{M}$, schon sofort zur Verwerthung kommen, und 0,8, also 2400 $\mathcal{M}$, erst nach 40 Jahren, so berechnet sich der Kapitalwerth des ersten Theils auf 600 $\mathcal{M} \times 20$ . . . . = 12000 $\mathcal{M}$ der des zweiten Teils aber nur auf:

$$(2400 \; \mathcal{M} \times 20) = 48{,}000 \; \mathcal{M} \times 0{,}_{3066}$$

$$\text{(Factor aus Tafel II. bei 3 Prozent)} = \underline{14716{,}_{80} \quad \text{„}}$$

$$\text{wäre Gesammtwerth } 26716{,}_{80} \; \mathcal{M}$$

Da der nach Beispiel I. für dieselben Erträge bei selbstständiger Bewirthschaftung sich ergebende Werth von 204,96 ℳ pro ha oder 28899,36 ℳ für 141 ha höher ist, so muß hier dieselbe Berechnungsweise wie in Beispiel I. Platz greifen.

Beispiel XIII. (ad § 11.)

Wäre die Fläche im Beispiele VII. eine Blöße von 255 ha, so würde der Bodenwerth sich auf $255 \times 425{,}60$ ℳ $= 108528$ ℳ berechnen. Wird aber angenommen, daß die hinzutretende Fläche erst nach 20 Jahren vollständig aufgeforstet sein wird, daß also bei alljährlich gleichmäßig vorschreitender Aufforstung die volle Production im Durchschnitte erst nach 10 Jahren eintritt, so ist obige Summe nach der beiliegenden Tafel II. mit 3 Prozent Zinseszins auf ihren Vorwerth für 10 Jahre zu discontiren und es ergiebt sich 108528 ℳ $\times 0{,}7441 = 80755{,}68$ ℳ als Bodenwerth.

Beispiel XIV. (ad §. 12.)

a. **Für jährliche Einnahmen aus Nebennutzungen.**

α) Hätte die Weidenutzung auf der im Beispiel XIII. angegebenen Fläche von 255 ha nach der Fraction der letzten 6 Jahre eine Einnahme von durchschnittlich 150 ℳ ergeben, und wäre nach den Bestandsverhältnissen auf diese Nutzung dauernd zu rechnen, so betrüge der Kapitalwerth derselben
$$150 \text{ ℳ} \times 20 = 3000 \text{ ℳ.}$$

β) Ginge die Weidenutzung ad α. zum ersten Male nach 6 Jahren, aber dann jährlich dauernd ein, so würde der Kapitalwerth von 3000 ℳ nach der beiliegenden Tafel II. mit 3 Prozent Zinseszins auf den Jetztwerth zu bringen sein und
$$3000 \text{ ℳ} \times 0{,}8375 = 2512{,}50 \text{ ℳ}$$
betragen.

b. **Für intermittirende Einnahmen aus Nebennutzungen.**

Handelt es sich um eine Streunutzung, welche mit aller Rücksicht auf Schonung der Bestände von 5 zu 5 Jahren ausgeübt werden kann und jedesmal 300 ℳ einbringt, so beträgt der durchschnittliche Jahreswerth $= \frac{300}{5} = 60$ ℳ. Dieser 20fach kapitalisirt giebt
$$60 \text{ ℳ} \times 20 = 1200 \text{ ℳ.}$$

(Anmerk. Hierbei wird auf die Note ad §. 12 verwiesen.)

Beispiel XV. (ad §. 14.)

Ist der Werth eines Holzbestandes nach Abzug der Hauer=
löhne ꝛc. auf 30000 $\mathscr{M}$ ermittelt worden, die Debitsverhältnisse
gestatten die Versilberung aber erst im Laufe von 8 Jahren, so sind
obige 30000 $\mathscr{M}$ nach der beiliegenden Tafel II. auf 4 Jahre bei
3 Prozent Zinseszins zu discontiren. Demnach vermindert sich der
Werth auf   30000 $\mathscr{M} \times 0{,}8885 = 26655\ \mathscr{M}$

Beispiel XVI. (ad §. 15.)

Ein 40jähriger Kiefernbestand läßt sich gegenwärtig schon ver=
silbern und würde einen Nettoerlös von 165 $\mathscr{M}$ geben. Wächst der
Bestand fort, so kann gegenwärtig eine Durchforstung vorgenommen
werden, die 15 $\mathscr{M}$ Nettowerth hat. Nach Maßgabe seiner Wuchs=
verhältnisse würde der Bestand im 50ten Jahre 240 $\mathscr{M}$, im 60ten
330 $\mathscr{M}$ werth sein. Dann könnte wiederum eine Durchforstung vor=
genommen werden, welche einen Nettowerth von 18 $\mathscr{M}$ hat, im 70ten
Jahre würde der Bestand 375 $\mathscr{M}$, im 80ten = 399 $\mathscr{M}$ werth sein.

Die Berechnung ist anzulegen:

a) für den Abtrieb im 40ten Jahre:

Verkaufsnettowerth des gegenwärtig vorhandenen Bestandes
$$= 165{,}00\ \mathscr{M}$$

b) für den Abtrieb im 60ten Jahre:

aus der sofort (im 40jährigen Alter) erfol=
genden Durchforstung . . . $= 15{,}00\ \mathscr{M}$
Verkaufs=Nettowerth des Ab=
triebsertrages $= 240\ \mathscr{M}$
erfolgt nach 10 Jahren,
nach Tafel II. mit 3 Pro=
zent Zinseszins jetzt werth
$= 240\ \mathscr{M} \times 0{,}7441$ . . $= 178{,}58\ \mathscr{M}$
Jetztwerth unter Annahme eines 50jährigen
Abtriebsalters . . . . $= 193{,}58\ \mathscr{M}$

c) für den Abtrieb im 60ten Jahre:

aus der sofort erfolgenden Durchforstung
$$= 15{,}00\ \mathscr{M}$$
Verkaufs=Nettowerth des Ab=
triebsertrages $= 330\ \mathscr{M}$

Transport 15,₀₀ $\mathcal{M}$

erfolgt nach 20 Jahren,
nach Tafel II. jetzt werth
$= 330\ \mathcal{M} \times 0{,}5537 \ldots = 182{,}72\ \mathcal{M}$

Jetztwerth unter Annahme eines 60jährigen
Abtriebsalters . . . . $= 197{,}72\ \mathcal{M}$

d) für den Abtrieb im 70ten Jahre:

aus der sofort erfolgenden Durchforstung
$= 15{,}00\ \mathcal{M}$

aus der im 60ten Alters-
jahre, also nach 20 Jah-
ren, erfolgenden Durch-
forstung 18 $\mathcal{M}$, discontirt
nach Tafel II. $= 18\ \mathcal{M}$
$\times\ 0{,}5537 \ldots\ldots\ldots = 9{,}97\ \mathcal{M}$

Verkaufs-Nettowerth des Abtriebsertrages $= 375\ \mathcal{M}$,
erfolgt nach 30 Jahren
nach Tafel II. jetzt werth
$= 375 \times 0{,}4120 \ldots\ldots = 154{,}50\ \mathcal{M}$

Jetztwerth unter Annahme eines 70jährigen
Abtriebsalters . . . . $= 179{,}47\ \mathcal{M}$

e) für den Abtrieb im 80ten Jahre:

aus der sofort erfolgenden Durchforstung
$= 15{,}00\ \mathcal{M}$

aus der Durchforstung im
60ten Altersjahre wie vor $= 9{,}97$ „

Verkaufs-Nettowerth des Abtriebsertrages $= 399\ \mathcal{M}$,
erfolgt nach 40 Jahren,
nach Tafel II. jetzt werth
$= 399\ \mathcal{M} \times 0{,}3066 \ldots = 122{,}33\ \mathcal{M}$

Jetztwerth unter Annahme eines 80jährigen
Abtriebsalters . . . . $= 147{,}30\ \mathcal{M}$

Als Bestandswerth wäre unter diesen Verhältnissen der dem 60-
jährigen Abtriebsalter entsprechende mit 197,72 $\mathcal{M}$ anzunehmen.

Beispiel XVII. (ad §. 17.)

Gesetzt, bei dem 60jährigen Bestande (Beispiel XVI. c.) gründe sich die Werthsberechnung darauf, daß alle geraden Stämme als Nutzholz verkauft werden sollen, diese Verwerthung sei aber nur möglich, wenn jährlich nicht mehr als der 6te Theil der im Ganzen erfolgenden Nutzhölzer auf den Markt gebracht wird, weil sonst der überwiegende Theil des Holzes nur als Brennholz verkäuflich sein würde, so müßte der Werth von 197,72 ℳ nach der Tafel II. auf 3 Jahre zurückdiscontirt werden.

Hiernach wäre der Bestandeswerth $= 197{,}72$ ℳ $\times\ 0{,}9151 = 180{,}93$ ℳ.

Beispiel XVIII. (ad §. 19.)

Der Werth eines 40jährigen Kiefernbestandes, voll bestanden, sei zu berechnen. Nach Beispiel VII. beträgt der Werth der durchschnittlichen Jahresproduction $= 21{,}28$ ℳ, wonach der gegenwärtige Bestand $40 \times 21{,}28$ ℳ $= 851{,}20$ ℳ werth sein würde. Da dieser Werth erst nach 40 Jahren (im 80. Jahre des Bestandsalters) zu beziehen ist, so beträgt der Jetztwerth nach Tafel II. bei 3 Prozent Zinseszins $= 851{,}20 \times 0{,}3066 = 260{,}98$ ℳ.

Beispiel XIX. (ad §. 19.)

Wäre die Beschaffenheit des auf der Fläche gegenwärtig vorhandenen Kiefernbestandes (Beispiel XVIII.) so unvollkommen, daß der Gesammtwerth der Holzerzeugung während des 80jährigen Umtriebes nur 240 ℳ betrüge, der jährliche Werth der Holzerzeugung also nur 3 ℳ, so würde der gegenwärtige Bestandswerth 120 ℳ $\times\ 1 = 120$ ℳ sein. Diese 120 ℳ sind dann, wie im Beispiel XVIII. auf 40 Jahre nach Tafel II. mit 3 Prozent Zinseszins zurückzudiscontiren $= 120$ ℳ $\times\ 0{,}3066 = 36{,}79$ ℳ.

Beispiel XX. (ad §. 20.)

Eine als Erlenniederwald im 20jährigen Umtriebe bewirthschaftete und zweckmäßig auch künftig so zu bewirthschaftende Fläche von 25 ha, welche in regelmäßige Jahresschläge eingetheilt und in den verschiedenen Altersstufen mit einem Holzbestande versehen ist, der dem Productionsvermögen des Bodens entspricht, bringt einen Nettoertrag von 750 ℳ jährlich. Der Boden- und Bestandswerth berechnet sich durch 20fache Kapitalisirung auf

$$750 \, \mathscr{M} \times 20 = 15000 \, \mathscr{M}.$$

Beispiel XXI. (ad §. 22.)

Der Boden- und der Holzbestandswerth eines Waldgrundstückes von 1000 ha sei auf 600000 $\mathscr{M}$ ermittelt. Dasselbe tritt einem vorhandenen Verwaltungsbezirke hinzu. Dem betreffenden Revierverwalter muß in Folge dessen eine Stellenzulage von 150 $\mathscr{M}$ und eine Dienstaufwandszulage von 150 $\mathscr{M}$ gewährt werden. Die Verwaltungskosten sind demnach mit 300 $\mathscr{M}$ in Rechnung zu stellen, die Ausgaben für den anzustellenden Forstschutzbeamten mögen im Ganzen = 1200 $\mathscr{M}$ jährlich betragen. Für Verwaltung und Schutz sind sonach 1500 $\mathscr{M}$ jährlich in Rechnung zu stellen, welche Summe einem Kapitale von 30000 $\mathscr{M}$ entspricht. Durch Abzug desselben vermindert sich obige Summe von 600000 $\mathscr{M}$ auf 570000 $\mathscr{M}$.

Beispiel XXII. (ad §. 23.)

Die Culturkosten der Blöße im Beispiel I. mögen incl. der Nachbesserungen 30 $\mathscr{M}$ betragen. In diesem Falle sind von dem ermittelten Jetztwerthe für die Nutzungen des ersten Umtriebes:

$$= 185{,}_{703} \, \mathscr{M}$$
$$\text{diese} \quad 30 \qquad {,,}$$

abzuziehen. Es bleiben dann . . . . $155{,}_{703}$ $\mathscr{M}$

Der Werth der Holzerzeugung der späteren Umtriebe, nach Abzug der Culturkosten, ist daher nur

$$= 155{,}_{703} \, \mathscr{M} \times 0{,}_{1037} \ldots \ldots \ldots \ldots \ldots = 16{,}_{146} \quad {,,}$$

Jetztwerth der gesammten Holzerzeugung unter Berücksichtigung der Culturkosten . . . . $171{,}_{85}$ $\mathscr{M}$

Beispiel XXIII. (ad §. 23.)

Ist der Bodenwerth durch Kapitalisirung der durchschnittlichen Jahresrente gefunden, wie unter Anderem im Beispiel VII. zu:

$$425{,}_{60} \, \mathscr{M}$$

so kommt der Betrag der gleich aufzuwendenden Culturkosten von . . . . 30 $\qquad {,,}$

einfach in Abrechnung. Es verbleiben dann . . . . $395{,}_{60}$ $\mathscr{M}$

als Bodenwerth, oder an Bodenrente . . . . $19{,}_{73}$ $\quad {,,}$

Beispiel XXIV. (ad §. 23.)

Wäre auf der Fläche, Beispiel I., ein Holzbestand von 60 Jahren vorhanden, der erst nach 20 Jahren zum Abtriebe gelangt, so würden die nach 20 Jahren aufzuwendenden Culturkosten bei Ermittelung des absoluten Bodenwerths in Ansatz gebracht (Beispiel XXII.) und dann der so festgestellte absolute Bodenwerth — wie im Beispiele V. — durch Discontirung à 3 Prozent Zinseszins auf 20 Jahre in den relativen übergeführt. Hiernach stellt sich der relative Bodenwerth für das Beispiel XXII. resp. V. auf:

$$171{,}85 \ \mathcal{M} \times 0{,}5537 \ \ldots\ldots\ldots\ldots\ldots\ldots = 95{,}15 \ \mathcal{M}.$$

Beispiel XXV. (ad §. 25.)

Es sei der Werth einer für sich zu bewirthschaftenden Holzparcelle von 5 ha, mit 60jährigen Kiefern bestanden, auf II. Bodenklasse zu berechnen. Der Vollbestandsfaktor beträgt 0,7. An Nebennutzungen kommt der Grasschnitt in einem kleinen Luche in Betracht, der durch Verpachtung einen Ertrag von 1 $\mathcal{M}$ durchschnittlich pro Jahr gewährt. Außerdem geht für die Jagdnutzung jährlich gleichfalls eine Pacht von 1 $\mathcal{M}$ ein. Die Cultur- und Nachbesserungskosten sind pro ha auf 30 $\mathcal{M}$ zu veranschlagen. Die Verwaltungs- und Schutzkosten pro ha betragen 1,60 $\mathcal{M}$, die zu entrichtende Grundsteuer beläuft sich auf 0,80 $\mathcal{M}$ pro ha. An Servituten kommt nur eine Wegegerechtigkeit in Betracht, in Folge deren eine Strauchbrücke, welche mit einem Kostenaufwande von 3 $\mathcal{M}$ herzustellen ist, alle 3 Jahre erneuert werden muß.

1) Unter Zugrundelegung der Zahlen der Beispiele I. und XXII. berechnet sich der absolute Bodenwerth pro ha, unter Beachtung der Culturkosten von 30 $\mathcal{M}$ pro ha auf 171,85 $\mathcal{M}$. Da der jetzt 60jährige Bestand noch 20 Jahre fortwachsen muß, so ist der relative Bodenwerth nach Tafel II. durch Discontirung mit 3 Prozent Zinseszins auf 20 Jahre zu ermitteln, also, wie im Beispiel XXIV.,

$$171{,}85 \ \mathcal{M} \times 0{,}5537 \ \ldots\ldots\ldots\ldots\ldots = \underline{95{,}15 \ \mathcal{M}}$$

Für 5 ha beträgt dies 95,15 $\mathcal{M} \times 5 \ldots\ldots = \underline{475{,}75 \ \mathcal{M}}$

Dazu noch:

2) Der Werth der Grasnutzung = 1 $\mathcal{M}$ Rente, 20fach kapitalisirt $\ldots\ldots\ldots\ldots\ldots\ldots = \underline{20{,}00 \ \text{„}}$

3) Der Werth der Jagdnutzung = 1 $\mathcal{M}$ Rente, $33\tfrac{1}{3}$fach (à 3 Prozent) kapitalisirt $\ldots\ldots\ldots = \underline{33{,}33 \ \text{„}}$

Sind für den Boden $\ldots = \underline{529{,}08 \ \mathcal{M}}$

4) Die Berechnung des **Holzbestandes** stellt sich, wie folgt

Sogleich zu beziehen ist pro ha eine Durch=
forstung von 39 rm Knüppel à 1,80 $\mathscr{M}$ .... $= \quad 70{,}20$ $\mathscr{M}$ $\mathscr{M}$

Beim Abtriebe im 80. Jahre werden voraussicht=
lich erfolgen pro Morgen:

104 rm Nutzholz à 6,30 $\mathscr{M}$ (excl. des $\mathscr{M}$
     Hauerlohnes rc.) .... $= \quad 655{,}20$

78 rm Kloben à 3,60 $\mathscr{M}$ (excl. des
     Hauerlohnes rc.) .... $= \quad 280{,}80$

52 rm Knüppel à 1,80 $\mathscr{M}$ (excl. des
     Hauerlohnes rc.) .... $= \quad 93{,}60$

52 rm Stockholz à 0,60 $\mathscr{M}$ (excl. des
     Hauerlohnes rc.) .... $= \quad 31{,}20$

78 rm Reisig à 0,45 $\mathscr{M}$ (excl. des
     Hauerlohnes rc.) .... $= \quad 35{,}10$

Werth des Bestandes beim Abtriebe ... $1095{,}90$

Dieser Werth nach Tafel II. auf 20 Jahre mit
3 Prozent Zinseszins zurückdiscontirt
$= 1095{,}90 \ \mathscr{M} \times 0{,}5537$ .... $= \quad 606{,}30$

Sa. Werth des **Holzbestandes** pro Morgen $= \quad 677$
oder für 5 ha .... $= \quad 3385$

Dazu der Bodenwerth, wie oben .... $= \quad 529{,}08$

Sind zusammen .. $= \quad 3914{,}08$

Hiervon sind abzuziehen:

5) für Verwaltung, Schutz= und Grundsteuer=
Abgabe 1,60 $\mathscr{M}$ + 0,80 $\mathscr{M}$ = 2,40 $\mathscr{M}$ Rente oder
2,40 $\mathscr{M}$ × 20 Kapital = 48 $\mathscr{M}$ pro ha oder $\mathscr{M}$
für 5 ha .... $= \quad 240$

6) die Auslage für die Strauchbrücke von 3 $\mathscr{M}$,
welche alle 3 Jahre wiederkehrt. Der Jahreswerth
derselben = 1 $\mathscr{M}$, 20fach kapitalisirt ist ..... $= \quad 20$

Sind zusammen ... $260{,}00$

Bleibt der zu vergütende Werth des Grundstücks .. $= \quad 3654{,}08$

Beispiel XXVI. (ad §. 27.)

Wird von einem vorhandenen Walde eine Fläche abverkauft, deren durchschnittliche jährliche Production 300 $\mathscr{M}$ beträgt, so ist als Boden= werth der abzutretenden Fläche ein Kapital von

$$300 \ \mathscr{M} \times 20 = 6000 \ \mathscr{M}$$

zu vergüten.

Beispiel XXVII. (ad §. 30.)

Gesetzt, die Tauschobjecte bestehen beiderseits aus Blößen und enthalten Boden, der zum Anbau mit Fichten geeignet und bestimmt ist.

Die Durchschnitts-Production der 75 ha, welche A. als Tauschobject bietet, betrage:

a) für 25 ha à 7,2 fm, daher mit 1,0 auf die Production von 7,2 fm als Einheit gebracht $=$ 25,000 ha

b) für 25 ha à 4,8 fm, also mit $\frac{4,8}{7,2} = 0{,}666$ auf die Production wie vor reducirt .... $=$ 16,666 „

c) für 25 ha à 3,6 fm, also mit $\frac{3,6}{7,2} = 0{,}50$ auf die Production wie vor reducirt .... $=$ 12,500 „

$$\text{Summa} \ldots \quad 54{,}166 \text{ ha}$$

von der Durchschnittsproduction von 7,2 fm.

Die Durchschnittsproduction der 100 ha Tauschfläche, welche B. anbietet, betrüge:

a) für 12,50 ha à 7,2 fm, mit 1,0 auf die Production von 7,2 fm als Einheit gebracht.. $=$ 12,500 ha

b) für 50 ha à 3,6 fm, also mit $\frac{3,6}{7,2} = 0{,}50$ auf die Production wie vor reducirt .... $=$ 25,000 „

c) für 37,50 ha à 2,4 fm, also mit $\frac{2,4}{7,2} = 0{,}333$ auf die Production wie vor reducirt .... $=$ 12,500 „

$$\text{Summa} . \quad 50 \quad \text{ha}$$

Dann hat B. den A. noch für 54,166 — 50 $=$ 4,166 ha der Durchschnittsproduction von 7,2 fm zu entschädigen, was event. durch Geld geschehen müßte.

Anmerkung. Ist anzunehmen, daß die besseren Bodenklassen werthvolleres Holz, z. B. eine verhältnißmäßig größere Nutzholzausbeute liefern, als die geringeren, so muß dies bei der Reduction des Ertrages auf die Einheit Berücksichtigung finden.

Beispiel XXVIII. (ad §. 33 und §. 35.)

Das Sollhaben eines zur Weide und Streu in einem 750 ha großen Forste berechtigten Grundbesitzers sei auf 150 $\mathscr{M}$ Rente oder

3000 *M* Kapital festgestellt. Der Berechtigte verlangt Gewährung seines Sollhabens in Land. Der Wald ist mit Kiefern bestanden. Das Gehöft des Berechtigten liegt auf der westlichen Seite der Forst. Nach sachverständigem Gutachten kann das Abfindungsland in wirth=schaftlicher Lage dem Servitutar nur aus einem vollwüchsigen, 30jährigen Kiefernorte an der westlichen Grenze des Reviers gegeben werden. Der Ertragswerth des dortigen Bodens — ein feuchter, etwas lehmhaltiger Sandboden, 2. Klasse für Kiefern — ist, abgesehen von Grundsteuern und Communalabgaben, von den ökonomischen Sachverständigen bei landwirthschaftlicher Benutzung nach erfolgter Urbarmachung, d. h. also nach vollständiger Rodung und Planirung, auf eine jährliche Rente von 30 *M* = 600 *M* Kapitalswerth ab=geschätzt. Zur Erfüllung des Sollhabens müßten sonach 5 ha gewährt werden. —

Es fragt sich, ob die künftige Rente von 30 *M* als nachhaltig höher wie die forstliche und deshalb als eine solche anzusehen ist, welche im volkswirthschaftlichen Interesse die Herausnahme der 5 ha aus dem forstlichen und deren Ueberführung zum landwirthschaftlichen Betriebe gerechtfertigt erscheinen läßt. —

Für eine, einem Walde anzufügende resp. zu demselben bereits gehörige Fläche resultirt nach dem Beispiele VII. auf Kiefernboden II. Klasse aus der Holznutzung ein Bodenwerth von 425,60 *M* pro Morgen, also für 5 ha von .... = 2128 *M*

Die Weidennutzung ist — mäßig gerechnet — mit jährlich 1,20 *M* pro ha zu veranschlagen, mithin bei Abzug von $\frac{1}{6}$ der Fläche für Schonung mit $4\frac{1}{6} \times 1{,}2$ = 5 *M* Rente oder an Kapital zu 5 Prozent .... = 100 „

Für Raff= und Leseholz mag bei der im Beispiel VII. angenommenen frühen Durchforstung durchschnittlich pro ha nur 0,40 *M*, also für 5 ha nur eine Rente von 2 *M* angenommen werden, giebt an Kapital zu 5 Prozent .... = 40 „

Summa: Ertrag .. = 2268 *M*

Hiervon gehen ab:

> a) an Verwaltungs= und Schutzkosten, da nach dem Ausscheiden der 5 ha die verbleibende Waldfläche von 745 ha dieselben Verwaltungs=kosten erfordern würde, Nichts;

Latus 2268 *M*

Transport 2268 M

b) an Culturkosten bei 80jährigem Umtriebe für
jährlich ¹/₁₆ ha, bei einem Culturkostenansatze
von 48 M pro ha = 3 M, oder an Kapital =   60 „

Bleibt Netto-Kapitalswerth der forst-
lichen Bodenrente .... = 2208 M

Um nun die für die landwirthschaftliche Nutzung von 30 M pro ha berechnete Rente oder den Kapitalswerth für 5 ha von 3000 M zu erzielen, sind aufzuwenden:

1) Rodungs- und Planirungskosten.

Um die Fläche von den jungen, dicht stehenden Stöcken zu befreien, und dieselbe wurzelrein und planirt herzustellen, sind an Arbeitslöhnen pro ha 120 M zu verausgaben. Es werden hierbei pro ha gewonnen 48 rm geringen, jedoch zu dem Preise von 1 M verwerthbaren Stockholzes. Es ist mithin pro ha ein Mehraufwand von 72 M erforderlich, giebt für 5 ha .... 360 M

2) Verlust an Holzwerth.

Im 30jährigen Alter hat ein Kiefernbestand auf Boden II. Klasse einen Durchschnittszuwachs von etwa 2,4 fm, enthält also in 30 Jahren circa 72 fm pro ha. Der Werth dieses unreifen Materials ist bei möglicher Ausnutzung von Stangennutzhölzern höchstens mit 5 M pro fm anzunehmen, ergiebt pro ha einen Holzwerth von 360 M. Im 50jährigen Alter stellt sich der Durchschnittszuwachs in einem Kiefernbestande auf II. Bodenklasse auf etwa 2,9 fm pro ha und der Werth pro fm auf 6,60 M. Der 50jährige Bestand hat mithin eine Holzmasse von 145 fm pro ha und in dieser einen Geldwerth von 957 M. Diese 957 M würden jedoch im vorliegenden Falle erst nach 20 Jahren eingehen, repräsentiren also bei einem Disconto von 3 Prozent Zinseszins nach Tafel II. nur einen Jetztwerth von 957 M × 0,5537 .... = 529,89 M

Obwohl nach Obigem bei Berechnung der forstlichen Bodenrente ein Abzug für Verwaltungs- und Schutzkosten nicht gemacht ist, weil durch das Ausscheiden der Fläche von 5 ha an diesen Kosten nichts erspart wird, so erfordert doch die Erwägung, — daß diese

Latus 529,89 M   360 M

Transport 529,₈₉ ℳ 360 ℳ

Fläche, um den Werth von 529,₈₉ ℳ pro ha zu erhalten, bis zum 50. Jahre fortwachsen, also noch 20 Jahre in Verwaltung und im Schutze verbleiben müßte, — auch eine Betheiligung derselben für diese Zeit an den für das Revier aufzuwendenden derartigen Kosten. Diese mögen pro ha und Jahr 2,₄ ℳ betragen. Es berechnet sich dann diese Ausgabe für 20 Jahre nach Tafel V. bei 3 Prozent Zinseszins auf $14{,}8775 \times 2{,}4$ ℳ . . . . . . = 35,₇₁ „
und bleibt Jetztwerth pro ha*) . . . . = 494,₁₈ ℳ

Es geht mithin beim Abtriebe des 30jährigen Bestandes gegenüber dem Abtriebe im 50jährigen Alter badurch, daß die bei Nutzung des Bestandes im vortheilhaftesten Abtriebsalter zu erzielende durchschnittliche Bodenrente wegen des zu frühen Einschlages für die Vergangenheit nicht hat erzielt werden können, pro ha ein Werth verloren von 424,₁₈ ℳ — 360 ℳ = 134,₁₈ ℳ, giebt für 5 ha . . . . 670,₉₀ „

3) Verlust durch Windbruch in dem hinter der abzutreibenden Fläche liegenden Bestande.

Die Abfindungsfläche liegt im Westen, also gegen die Sturmrichtung schützend, vor einem 60jährigen sehr schlank gewachsenen Bestande. Bei dem feuchten Boden und nach den Localverhältnissen ist schon in diesem Alter bei Fortnahme des vorliegenden 30jährigen Bestandes ein Verlust durch Windbruch erfahrungsmäßig zu erwarten. Nach der Form der Abfindungsfläche wird durch deren Abtrieb der 60jährige Bestand auf 375 Meter dem Windbruche offen gelegt. Es ist mit Sicherheit anzunehmen, daß der Wind etwa auf 20 Meter in den 60jährigen Bestand hinein oder auf etwa 0,₇₅ ha die Hälfte der Stämme des 60jährigen Bestandes brechen wird. Der 60jährige

Latus 1030,₉₀ ℳ

---

*) Ist bei Berechnung der forstlichen Bodenrente — abweichend von der Annahme sub a. im vorliegenden Beispiele — bereits ein Abzug für Verwaltungs- und Schutzkosten gemacht, so darf solcher bei Berechnung des Holzwerthverlustes selbstverständlich nicht nochmals in Abzug gebracht werden.

Transport. 1030,₉₀ $\mathscr{M}$

Bestand enthält pro ha 240 rm, also auf 0,₇₅ ha 180 rm. Es werden mithin 90 rm gebrochen. Der Bestand würde nach seiner Beschaffenheit und den Absatzverhältnissen 50 Prozent Nutzholz liefern. Abgesehen davon, daß gerade die bestwüchsigsten Stämme gebrochen werden, können mithin 45 rm statt als Nutzholz nur als Brenn= holz verwerthet werden. Der Verkaufswerth von 1 rm Nutzholz steht auf 6,₃₀ $\mathscr{M}$, der Preis von 1 rm Brenn= holz auf 3,₆₀ $\mathscr{M}$. Es gehen mithin verloren 2,₇₀ $\mathscr{M}$ × 45 . . . . = 121,₅₀ „

Summa der Ausgaben resp. Verluste . . . = 1152,₄₀ $\mathscr{M}$

Um die künftige Rente von 30 $\mathscr{M}$ pro ha, resp. den Kapital= werth von 3000 $\mathscr{M}$ für 5 ha bei landwirthschaftlicher Benutzung zu erreichen, muß mithin ein Kapitalaufwand resp. eine Ausgabe von 1152,₄₀ $\mathscr{M}$ gemacht werden.*) Die Rente dieses Aufwandes beträgt à 5 Prozent = 57,₆₂ $\mathscr{M}$. Als dauernder selbstständiger Ertrag der landwirthschaftlichen Nutzung verbleibt daher für die 5 ha nur eine Rente von 92,₃₈ $\mathscr{M}$ oder ein Kapital von 1847,₆₀ $\mathscr{M}$, während der Ertrag der forstlichen Benutzung ein Kapital von 2208 $\mathscr{M}$ oder eine Rente von 110,₄₀ $\mathscr{M}$ repräsentirt.

* * *

Beispiel XXIX. (ad §. 34.)

Die Stadtgemeinde N. N. soll eine Abfindungsfläche von 75 ha erhalten. Bei der Vergleichung, ob diese Fläche bei landwirthschaft= licher oder forstlicher Benutzung einen nachhaltig höheren Ertrag ge= währt, ist dieselbe bei landwirthschaftlicher Benutzung auf eine Rente von 24 $\mathscr{M}$ pro ha = 480 $\mathscr{M}$ Kapital, bei forstlicher Benutzung auf eine Rente von 22 $\mathscr{M}$ pro ha = 440 $\mathscr{M}$ Kapital abgeschätzt. Es ist jedoch bei den desfallsigen Berechnungen der Kapitalverlust

---

*) Daß bei Beurtheilung der aus Artikel X. des Ergänzungsgesetzes zur Gemeinheitstheilungs = Ordnung vom 2. März 1850 hervorgehenden Frage: „ob ein Grundstück als Forst oder als Acker resp. Wiese nachhaltig einen höheren Ertrag giebt", die Zinsen der zum Zwecke der einen oder anderen Benutzungsart erforderlichen Ausgaben und Aufwendungen nicht außer Acht bleiben können, dürfte wohl nicht zweifelhaft sein. Ob diese Aufwendungen directe Ausgaben oder indirecte Verluste sind, ob solche der Berechtigte oder — wie im obigen Beispiele — zum größten Theile der Belastete trägt, möchte weder vom rechtlichen und noch viel weniger vom volkswirthschaftlichen Standpunkte aus einen Unter= schied begründen können.

außer Beachtung geblieben, welcher durch den im Recesse bedingten raschen Abtrieb der Fläche herbeigeführt wird. Dieser stellt sich folgendermaßen:

Das Abfindungsland soll durchweg aus einem Kiefernbestande von 55jährigem Alter entnommen werden. Nach dem bestehenden Betriebsplane ist von diesem Bestande bisher jährlich eine Fläche von 5 ha abgetrieben. Bei diesem beschränkten Abtriebe ist eine Nutzholz= ausbeute von 50 Prozent ermöglicht worden, weil die vorhandenen kleinen Bau= und Stangen = Nutzhölzer in der Umgegend Abnahme fanden. Durch das Ausgebot dieser auf den 5 ha vorfindlichen Nutzhölzer ist aber der jährliche Bedarf der Umgegend völlig be= friedigt worden. Imgleichen ist auch das auf der bisherigen Schlag= fläche gefallene Brennholz für den Bedarf der Gegend genügend ge= wesen und sicher anzunehmen, daß dasselbe — namentlich Stock= und Reisholz — zu den bisherigen Preisen bei dem verstärkten Einschlage nicht absetzbar sein wird. — Nach den Bestimmungen des Recesses soll nun die Fläche von 75 ha in 3 Jahren geräumt sein. Es kommen also jährlich 25 ha zum Einschlage. Es ist zweifellos an= zunehmen, daß im günstigsten Falle der Bestand von 19 ha nur als Brennholz jährlich zu verwerthen sein wird. Der jährliche Ausfall, welcher durch diese geschmälerte Nutzholzausbeute erwächst, wird dem Unterschiede zwischen dem Preise der Nutz= und Brennholzklafter für 50 Prozent der auf 19 ha fallenden Holzmasse gleich sein. Nach den Rechnungen sind pro ha 234 rm Derbholz eingeschlagen und hiervon die Hälfte $=$ 117 rm mit einem Preise von 6 $\mathscr{M}$ pro rm, die andere Hälfte dagegen nur mit einem Preise von 4 $\mathscr{M}$ pro rm verkäuflich gewesen. Es wird daher bei der Verwerthung des Derb= holzes durch geschmälerten Nutzholzabsatz ein Ausfall von 2 $\mathscr{M} \times$ 19 $\times$ 117 $=$ 4446 $\mathscr{M}$ pro Jahr oder für 3 Jahre von 13338,00 $\mathscr{M}$ entstehen. — Für das bisher durchschnittlich mit 4 $\mathscr{M}$ verwerthete Derbbrennholz ist im Durchschnitte ein Sinken des Preises von 20 Pf. pro rm zu erwarten. Dies ergiebt jährlich:

auf 6 ha für je 117 rm : 117 $\times$ 6 $\times$ 20 Pf.

$$= 140{,}40 \ \mathscr{M}$$

auf 19 ha für je 234 rm : 234

$\times$ 19 $\times$ 0,20 $\mathscr{M}$ .... $=$ 889,20 „

Summa ... 1029,60 $\mathscr{M}$

mithin für 3 Jahre .... 3088,80 „

Latus 16426,80 $\mathscr{M}$

Transport 16426,₈₀ $\mathcal{M}$

An Stockholz sind bisher gewonnen pro ha 50 rm und ist ein rm excl. Nebenkosten mit 30 Pf. verwerthet. Günstigsten Fall wird ein rm in den nächsten drei Jahren mit 20 Pf. abzusetzen sein. Hiernach berechnet sich für 75 ha ein Ausfall von $50 \times 0{,}10 \times 75$ . . . . 375,00 $\mathcal{M}$

An Reisig wurden bisher pro ha 15 Haufen mit einer Nettoeinnahme von 1 $\mathcal{M}$ pro Haufen verwerthet. Bei der großen Masse besseren Materials, welches zu ermäßigten Preisen auf den Markt kommt und bei dem fünfmal stärkeren Angebot dieses nicht lange aufzubewahrenden und nur in der nächsten Umgegend zu verwendenden Reisermaterials wird voraussichtlich ein großer Teil desselben auf den Schlägen verbrannt werden müssen. Es mag jedoch eine volle Verwerthung für den durchschnittlichen Preis von 0,50 $\mathcal{M}$ pro Haufen angesetzt werden. Es resultirt dann ein Verlust von $75 \times 15 \times 0{,}50$ $\mathcal{M}$ . . . . $=$ 562,50 $\mathcal{M}$

Hiernach beträgt der Verlust, welcher durch geringere Verwerthung des Holzes erwächst, in Summa 17364,30 $\mathcal{M}$

Außerdem sind aber, wenn in den nächsten 3 Jahren statt 5 ha jährlich 25 ha abgetrieben werden sollen, die Hauerlohnsätze zu erhöhen. Um bei der Beiräthigkeit der Holzhauer die nöthigen Arbeitskräfte heranzuziehen, wird eine Erhöhung eintreten müssen:

beim Nutz- und Derbbrennholz von 0,30 $\mathcal{M}$ pro rm auf 0,35 $\mathcal{M}$, also für die Bestandsmasse von $75 \times 234 = 17550$ rm, eine Mehrausgabe von $0{,}05 \times 17550$ . . . . $=$ 877,50 $\mathcal{M}$

beim Stockholz von 0,60 $\mathcal{M}$ auf 0,70 $\mathcal{M}$ pro rm, also für eine Stockholzmasse von $50 \times 75 = 3750$ rm eine Mehrausgabe von $0{,}10 \times 3750$ $\mathcal{M}$ . . . $=$ 375,00 $\mathcal{M}$

Das Reisigholz soll in Kaveln auf dem Schlage verkauft, mithin für dasselbe an Nebenkosten nichts verausgabt werden.

Die Mehrausgabe an Schlägerlöhnen beträgt hiernach . . . . 1252,50 $\mathcal{M}$

und die Summe der Verluste . . . . 18616,80 $\mathcal{M}$

Dieser Verluft kann jedoch nicht mit seinem vollen Werthe in Rechnung gestellt werden. Denn da ohne den Zwischenfall der Land=abtretung der Bestand auf der 75 ha enthaltenden Fläche bei einem jährlichen Abtriebe von 5 ha erst in 15 Jahren völlig verwerthet sein würde, so muß dieser Zeitraum bei Berechnung des Verlustes berück=sichtigt werden. Dies wird am Einfachsten geschehen, wenn derselbe für 15 Jahre zu 3 Prozent Zinseszins auf seinen Jetztwerth discon=tirt wird. Dies ergiebt nach Tafel II. $= 18616{,}_{80}$ $\mathscr{M} \times 0{,}_{6419} =$ $11950{,}_{12}$ $\mathscr{M}$.

Hiernach stellt sich der Jetztwerth des gesammten Verlustes resp. Mehraufwandes auf rot. 12000 $\mathscr{M}$. Diese Summe muß als eine Ausgabe zur Herstellung des landwirthschaftlichen Betriebes auf der Fläche betrachtet werden. Es beträgt dies pro ha eine Kapitalausgabe von 160 $\mathscr{M}$ oder eine Rente à 5 Prozent von 8 $\mathscr{M}$. — Wird diese Rente von dem Jahresertrage abgezogen, welcher bei einer landwirth=schaftlichen Benutzung der Fläche mit 24 $\mathscr{M}$ pro ha berechnet war, so sinkt solcher auf 16 $\mathscr{M}$ herab, bleibt mithin unter dem forstlichen Ertrage von 22 $\mathscr{M}$ um 6 $\mathscr{M}$ pro ha zurück.

Beispiel XXX. (ad §. 37.)

In einem Bestande der II. Periode (der also nach 30 Jahren abzutreiben ist) sei durch eine Artillerieschießübung ein Stamm der=artig beschädigt, daß er beim Einschlage statt 6 rm Nutzholz und 1 rm Knüppel nur $4{,}_5$ rm Scheitholz und 1 rm Knüppel geben wird. Im ersteren Falle hätte der Werth betragen:

$$\text{für 6 rm Nutzholz à } 6{,}_{30} \mathscr{M} = 37{,}_{80} \mathscr{M}$$
$$\text{für 1 rm Knüppel à } 1{,}_{80} \quad „ = \underline{1{,}_{80}} \quad „$$
$$\text{Summa } 39{,}_{60} \mathscr{M}.$$

In Wirklichkeit werden nunmehr erfolgen nur:

$$4{,}_5 \text{ rm Scheitholz à } 3{,}_{60} \mathscr{M} = 16{,}_{20} \mathscr{M}$$
$$1 \quad „ \quad \text{Knüppel à } 1{,}_{80} \quad „ = \underline{1{,}_{80}} \quad „$$
$$\text{Summa } 18 \quad \mathscr{M}.$$

Die Differenz beider Werthe nach der Tafel II. auf 30 Jahre mit 3 Prozent Zinseszins zurück discontirt, ergiebt $21{,}_{60}$ $\mathscr{M} \times 0{,}_{4120}$ $= 8{,}_{90}$ $\mathscr{M}$ als den zu gewährenden Schadenersatz.

Beispiel XXXI. (ad §. 37).

Durch ein Cavalleriemanöver sei von einer 3jährigen Kiefern=schonung auf II. Bodenklasse 1 ha so total ruinirt, daß die Wieder=

cultur erfolgen muß. Außer den Culturkosten mit 30 $\mathcal{M}$ und deren zu 5 Prozent berechneten 3jährigen einfachen Zinsen = $4{,}5$ $\mathcal{M}$ ist dann noch die verloren gegangene 3jährige Bodenrente zu vergüten, welche bei Beachtung der Culturkosten nach Beispiel XXIII. = $19{,}78$ $\mathcal{M}$ pro Jahr beträgt.

Die Entschädigungssumme setzt sich also zusammen aus:

Culturkosten incl. Nachbesserungskosten . . . . = $30{,}00$ $\mathcal{M}$
den 3jährigen einfachen Zinsen davon zu 5 Prozent = $\quad 4{,}50$ „
und dem Werthe der Bodenrente = $3 \times 19{,}78 = 59{,}34$ „
Summa $93{,}84$ $\mathcal{M}$

Anmerk. Dasselbe Resultat erhält man etwas kürzer, wenn man die verloren gegangene Bodenrente ohne Beachtung der Culturkosten nimmt und die Zinsen des Culturaufwandes, welche dann in dem größeren Ansatze für die Bodenrente stecken, nicht berechnet.

Nach Beispiel VII. ist die Bodenrente ohne Anrechnung der Cultur= kosten = $21{,}28$ $\mathcal{M}$ pro Jahr.

Die Entschädigungssumme setzt sich dann zusammen aus:

Culturkosten incl. Nachbesserungskosten . . . . = 30 $\quad\mathcal{M}$
Werth der Bodenrente ohne Beachtung der Cultur=
kosten = $3 \times 21{,}28$ $\mathcal{M}$ . . . . = $63{,}84$ „
zusammen wie oben. . . $\quad 93{,}84$ $\mathcal{M}$

Beispiel XXXII. (ad §. 37).

Es sei in einem 60jährigen vollbestandenen Kiefernorte durch Holzdiebstahl eine nicht mehr culturfähige Lücke von 7 ar entstanden. Der Bestand, auf II. Bodenklasse für Kiefern, soll im 80ten Jahre zum Hiebe kommen. Der Abtriebsnettowerth von 1 ha beträgt nach Beispiel I. = $1556{,}10$ $\mathcal{M}$, von $0{,}07$ ha also $1556{,}10 \times 0{,}07 = 108{,}93$ $\mathcal{M}$. Da diese Einnahme erst nach 20 Jahren erfolgt wäre, so muß die Discontirung auf 20 Jahre nach der Tafel II. mit 3 Pro= zent Zinseszins erfolgen durch Multiplication mit $0{,}5537 = 60{,}31$ $\mathcal{M}$.

Hätte der Ersatzwerth des entwendeten Materials von

20 rm Knüppelholz à $1{,}80$ $\mathcal{M}$ betragen . . . . $36{,}00$ $\mathcal{M}$
so würden also noch . . . . $24{,}31$ $\mathcal{M}$
zu vergüten sein.

Hülfstafeln

zur

Waldwerthberechnung

mit vollen jährlichen Zinseszinsen.

Tafel I.

zur

Berechnung der Nachwerthe (Prolongirung)

bei jährlichen Zinseszinsen.

(1 $\mathcal{M}$ ist incl. Zinseszinsen werth nach 15 Jahren
bei $3^0/_0 = 1{,}03^{15} = 1{,}5580$ $\mathcal{M}$.)

Die Tafel I. ist aus einer, zu diesem Zwecke durch Multiplication von Jahr zu Jahr ohne Anwendung von Logarithmen auf 12 Decimalstellen berechneten, Tabelle entnommen. Diese Tabelle hat auch die Grundlage zur Berechnung der übrigen Tafeln, resp. unter Anwendung von Logarithmen mit 7 Decimalstellen, gegeben.

Soll der Faktor für ein nicht in der Tabelle stehendes Jahr ermittelt werden, so darf man, wenn es auf eine unbedingte Genauigkeit der 4. Decimalstelle nicht ankommt, die betreffende Jahreszahl nur in 2 Theile zerlegen und die beiden Faktoren mit einander multipliciren. Will man z. B. wissen, wie groß der Faktor bei $2^1/_2\,^0/_0$ nach 126 Jahren ist, so zerlege man 126 in $125 + 1$ und multiplicire die bei 125 und 1 stehenden Faktoren mit einander; man erhält dann $21{,}9020 \times 1{,}025 = 22{,}4495$ oder man zerlege 126 in $60+66$, so erhält man $4{,}3998 \times 5{,}1024 = 22{,}4495$. Der Faktor für 126 Jahre ist nämlich $= 22{,}4495$.

Ein Kapital = 1 wächst an   Ein Kapital = 1 wächst an

nach Ablauf von Jahren	bei 2½	3	3½	4	nach Ablauf von Jahren	bei 2½	3	3½	4
	Prozent Zinseszinsen auf:					Prozent Zinseszinsen auf:			
1	1,0250	1,0300	1,0350	1,0400	36	2,4325	2,8983	3,4503	4,1039
2	1,0506	1,0609	1,0712	1,0816	37	2,4933	2,9852	3,5710	4,2681
3	1,0769	1,0927	1,1087	1,1249	38	2,5557	3,0748	3,6960	4,4388
4	1,1038	1,1255	1,1475	1,1699	39	2,6196	3,1670	3,8254	4,6164
5	1,1314	1,1593	1,1877	1,2167	40	2,6851	3,2820	3,9593	4,8010
6	1,1597	1,1941	1,2293	1,2653	41	2,7522	3,3599	4,0978	4,9931
7	1,1887	1,2299	1,2723	1,3159	42	2,8210	3,4607	4,2413	5,1928
8	1,2184	1,2668	1,3168	1,3686	43	2,8915	3,5645	4,3897	5,4005
9	1,2489	1,3048	1,3629	1,4233	44	2,9638	3,6715	4,5433	5,6165
10	1,2801	1,3439	1,4106	1,4802	45	3,0379	3,7816	4,7024	5,8412
11	1,3121	1,3842	1,4600	1,5395	46	3,1139	3,8950	4,8669	6,0748
12	1,3449	1,4258	1,5111	1,6010	47	3,1917	4,0119	5,0373	6,3178
13	1,3785	1,4685	1,5640	1,6651	48	3,2715	4,1323	5,2136	6,5705
14	1,4130	1,5126	1,6187	1,7317	49	3,3533	4,2562	5,3961	6,8333
15	1,4483	1,5580	1,6753	1,8009	50	3,4371	4,3839	5,5849	7,1067
16	1,4845	1,6047	1,7340	1,8730	51	3,5230	4,5154	5,7804	7,3910
17	1,5216	1,6528	1,7947	1,9479	52	3,6111	4,6509	5,9827	7,6866
18	1,5597	1,7024	1,8575	2,0258	53	3,7014	4,7904	6,1921	7,9941
19	1,5987	1,7535	1,9225	2,1068	54	3,7939	4,9341	6,4088	8,3138
20	1,6386	1,8061	1,9898	2,1911	55	3,8888	5,0821	6,6331	8,6464
21	1,6796	1,8603	2,0594	2,2788	56	3,9860	5,2346	6,8653	8,9922
22	1,7216	1,9161	2,1315	2,3699	57	4,0856	5,3917	7,1056	9,3519
23	1,7646	1,9736	2,2061	2,4647	58	4,1878	5,5534	7,3543	9,7260
24	1,8087	2,0328	2,2833	2,5633	59	4,2925	5,7200	7,6117	10,1150
25	1,8539	2,0938	2,3632	2,6658	60	4,3998	5,8916	7,8781	10,5196
26	1,9003	2,1566	2,4460	2,7725	61	4,5098	6,0684	8,1538	10,9404
27	1,9478	2,2213	2,5316	2,8834	62	4,6225	6,2504	8,4392	11,3780
28	1,9965	2,2879	2,6202	2,9987	63	4,7381	6,4379	8,7346	11,8332
29	2,0464	2,3566	2,7119	3,1187	64	4,8565	6,6311	9,0403	12,3065
30	2,0976	2,4273	2,8068	3,2434	65	4,9780	6,8300	9,3567	12,7987
31	2,1500	2,5001	2,9050	3,3731	66	5,1024	7,0349	9,6842	13,3107
32	2,2038	2,5751	3,0067	3,5081	67	5,2300	7,2459	10,0231	13,8431
33	2,2589	2,6523	3,1119	3,6484	68	5,3607	7,4633	10,3739	14,3968
34	2,3153	2,7319	3,2209	3,7943	69	5,4947	7,6872	10,7370	14,9727
35	2,3732	2,8139	3,3336	3,9461	70	5,6321	7,9178	11,1128	15,5716

Ein Kapital = 1 wächst an

nach Ablauf von Jahren	bei			
	$2^1/_2$	3	$3^1/_2$	4
	Prozent Zinseszinsen auf:			
71	5,7729	8,1554	11,5018	16,1945
72	5,9172	8,4000	11,9043	16,8423
73	6,0652	8,6520	12,3210	17,5160
74	6,2168	8,9116	12,7522	18,2166
75	6,3722	9,1789	13,1986	18,9453
76	6,5315	9,4543	13,6605	19,7031
77	6,6948	9,7379	14,1386	20,4912
78	6,8622	10,0301	14,6335	21,3108
79	7,0637	10,3310	15,1456	22,1633
80	7,2096	10,6409	15,6757	23,0498
81	7,3898	10,9601	16,2244	23,9718
82	7,5746	11,2889	16,7922	24,9307
83	7,7639	11,6276	17,3800	25,9279
84	7,9580	11,9764	17,9883	26,9650
85	8,1570	12,3357	18,6179	28,0436
86	8,3609	12,7058	19,2695	29,1653
87	8,5699	13,0870	19,9439	30,3320
88	8,7842	13,4796	20,6420	31,5452
89	9,0038	13,6839	21,3644	32,8071
90	9,2289	14,3005	22,1122	34,1193
91	9,4596	14,7295	22,8861	35,4841
92	9,6961	15,1714	23,6871	36,9035
93	9,9385	15,6265	24,5162	38,3796
94	10,1869	16,0953	25,3742	39,9148
95	10,4416	16,5782	26,2623	41,5114
96	10,7026	17,0755	27,1815	43,1718
97	10,9702	17,5878	28,1329	44,8987
98	11,2445	18,1154	29,1175	46,6947
99	11,5256	18,6589	30,1366	48,5625
100	11,8137	19,2186	31,1914	50,5049
101	12,1091	19,7952	32,2831	52,5251
102	12,4118	20,3890	33,4130	54,6262
103	12,7221	21,0007	34,5825	56,8112
104	13,0401	21,6307	35,7929	59,0836
105	13,3661	22,2797	37,0456	61,4470

Ein Kapital = 1 wächst an

nach Ablauf von Jahren	bei			
	$2^1/_2$	3	$3^1/_2$	4
	Prozent Zinseszinsen auf:			
106	13,7003	22,9481	38,3422	63,9049
107	14,0428	23,6365	39,6842	66,4611
108	14,3939	24,3456	41,0731	69,1195
109	14,7537	25,0760	42,5107	71,8843
110	15,1226	25,8282	43,9986	74,7597
111	15,5006	26,6031	45,5385	77,7500
112	15,8881	27,4012	47,1324	80,8600
113	16,2853	28,2232	48,7820	84,0945
114	16,6925	29,0899	50,4894	87,4582
115	17,1098	29,9420	52,2565	90,9566
116	17,5375	30,8403	54,0855	94,5948
117	17,9760	31,7655	55,9785	98,3786
118	18,4254	32,7184	57,9377	102,3138
119	18,8860	33,7000	59,9855	106,4063
120	19,3581	34,7110	62,0643	110,6626
125	21,9020	40,2395	73,7129	134,6379
130	24,7801	46,6487	87,5478	163,8076
135	28,0364	54,0786	103,9794	199,2970
140	31,7206	62,6919	123,4949	242,4753
145	35,8889	72,6771	146,6732	295,0083
150	40,6050	84,2527	174,2017	358,9227
155	45,9409	97,6719	206,8970	436,6843
160	51,9779	113,2286	245,7287	531,2932
165	58,8082	131,2629	291,8487	646,3995
170	66,5361	152,1897	346,6247	786,4438
175	75,2795	176,4064	411,6814	956,8291
180	85,1718	204,5034	488,9483	1164,1289
185	96,3641	237,0754	580,7172	1416,3408
190	109,0271	274,8354	689,7099	1723,1952
195	123,3541	318,6096	819,1590	2096,5304
200	139,5639	369,3558	972,9039	2550,7498

Tafel II.

zur

Berechnung der Vorwerthe (Discontirung)

bei jährlichen Zinseszinsen.

———

(1 $\mathscr{M}$, welche nach 15 Jahren eingeht, ist jetzt werth bei

$$3\%\!/\!_0 = \frac{1}{1{,}03^{15}} = 0{,}6419 \ \mathscr{M}.)$$

———

Soll der Faktor für ein nicht in der Tabelle stehendes Jahr ermittelt werden, so kann man in derselben Weise verfahren, wie bei Tafel I. angedeutet ist.

welches erst eingeht nach Ablauf von Jahren:	Ein Kapital = 1 ist bei				welches erst eingeht nach Ablauf von Jahren:	Ein Kapital = 1 ist bei			
	$2^1/_2$	3	$3^1/_2$	4		$2^1/_2$	3	$3^1/_2$	4
	Prozent Zinseszinsen jetzt werth:					Prozent Zinseszinsen jetzt werth:			
1	0,9756	0,9709	0,9662	0,9615	36	0,4111	0,3450	0,2898	0,2437
2	0,9518	0,9426	0,9335	0,9246	37	0,4011	0,3350	0,2800	0,2343
3	0,9286	0,9151	0,9019	0,8890	38	0,3913	0,3252	0,2706	0,2253
4	0,9060	0,8885	0,8714	0,8548	39	0,3817	0,3158	0,2614	0,2166
5	0,8839	0,8626	0,8420	0,8219	40	0,3724	0,3066	0,2526	0,2083
6	0,8623	0,8375	0,8135	0,7903	41	0,3633	0,2976	0,2440	0,2003
7	0,8413	0,8131	0,7860	0,7599	42	0,3545	0,2890	0,2358	0,1926
8	0,8207	0,7894	0,7594	0,7307	43	0,3458	0,2805	0,2278	0,1852
9	0,8007	0,7664	0,7337	0,7026	44	0,3374	0,2724	0,2201	0,1780
10	0,7812	0,7441	0,7089	0,6756	45	0,3292	0,2644	0,2127	0,1712
11	0,7621	0,7224	0,6849	0,6496	46	0,3211	0,2567	0,2055	0,1646
12	0,7436	0,7014	0,6618	0,6246	47	0,3133	0,2493	0,1985	0,1583
13	0,7254	0,6810	0,6394	0,6006	48	0,3057	0,2420	0,1918	0,1522
14	0,7077	0,6611	0,6178	0,5775	49	0,2982	0,2350	0,1853	0,1463
15	0,6905	0,6419	0,5969	0,5553	50	0,2909	0,2281	0,1791	0,1407
16	0,6736	0,6232	0,5767	0,5339	51	0,2838	0,2215	0,1730	0,1353
17	0,6572	0,6050	0,5572	0,5134	52	0,2769	0,2150	0,1671	0,1301
18	0,6412	0,5874	0,5384	0,4936	53	0,2702	0,2088	0,1615	0,1251
19	0,6255	0,5703	0,5202	0,4746	54	0,2636	0,2027	0,1560	0,1203
20	0,6103	0,5537	0,5026	0,4564	55	0,2572	0,1968	0,1508	0,1157
21	0,5954	0,5375	0,4856	0,4388	56	0,2509	0,1910	0,1457	0,1112
22	0,5809	0,5219	0,4692	0,4220	57	0,2448	0,1855	0,1407	0,1069
23	0,5667	0,5067	0,4533	0,4057	58	0,2388	0,1801	0,1360	0,1028
24	0,5529	0,4919	0,4380	0,3901	59	0,2330	0,1748	0,1314	0,0989
25	0,5394	0,4776	0,4231	0,3751	60	0,2273	0,1697	0,1269	0,0951
26	0,5262	0,4637	0,4088	0,3607	61	0,2217	0,1648	0,1226	0,0914
27	0,5134	0,4502	0,3950	0,3468	62	0,2163	0,1600	0,1185	0,0879
28	0,5009	0,4371	0,3817	0,3335	63	0,2111	0,1553	0,1145	0,0845
29	0,4887	0,4243	0,3687	0,3207	64	0,2059	0,1508	0,1106	0,0813
30	0,4767	0,4120	0,3563	0,3083	65	0,2009	0,1464	0,1069	0,0781
31	0,4651	0,4000	0,3442	0,2965	66	0,1960	0,1421	0,1033	0,0751
32	0,4538	0,3883	0,3326	0,2851	67	0,1912	0,1380	0,0998	0,0722
33	0,4427	0,3770	0,3213	0,2741	68	0,1865	0,1340	0,0964	0,0695
34	0,4319	0,3660	0,3105	0,2636	69	0,1820	0,1301	0,0931	0,0668
35	0,4214	0,3554	0,3000	0,2534	70	0,1776	0,1263	0,0900	0,0642

Ein Kapital = 1

welches erst eingeht nach Ablauf von Jahren:	ist bei			
	$2\frac{1}{2}$	3	$3\frac{1}{2}$	4
	Prozent Zinseszinsen jetzt werth:			
71	0,1732	0,1226	0,0869	0,0617
72	0,1690	0,1190	0,0840	0,0594
73	0,1649	0,1156	0,0812	0,0571
74	0,1609	0,1122	0,0784	0,0549
75	0,1569	0,1089	0,0758	0,0528
76	0,1531	0,1058	0,0732	0,0508
77	0,1494	0,1027	0,0707	0,0488
78	0,1457	0,0997	0,0683	0,0469
79	0,1422	0,0968	0,0660	0,0451
80	0,1387	0,0940	0,0638	0,0434
81	0,1353	0,0912	0,0616	0,0417
82	0,1320	0,0886	0,0596	0,0401
83	0,1288	0,0860	0,0575	0,0386
84	0,1257	0,0835	0,0556	0,0371
85	0,1226	0,0811	0,0537	0,0357
86	0,1196	0,0787	0,0519	0,0343
87	0,1167	0,0764	0,0501	0,0330
88	0,1138	0,0742	0,0484	0,0317
89	0,1111	0,0720	0,0468	0,0305
90	0,1084	0,0699	0,0452	0,0293
91	0,1057	0,0679	0,0437	0,0282
92	0,1031	0,0659	0,0422	0,0271
93	0,1006	0,0640	0,0408	0,0261
94	0,0982	0,0621	0,0394	0,0251
95	0,0958	0,0603	0,0381	0,0241
96	0,0934	0,0586	0,0368	0,0232
97	0,0912	0,0569	0,0355	0,0223
98	0,0889	0,0552	0,0343	0,0214
99	0,0868	0,0536	0,0332	0,0206
100	0,0846	0,0520	0,0321	0,0198
101	0,0826	0,0505	0,0310	0,0190
102	0,0806	0,0490	0,0299	0,0183
103	0,0786	0,0476	0,0289	0,0176
104	0,0767	0,0462	0,0279	0,0169
105	0,0748	0,0449	0,0270	0,0163

Ein Kapital = 1

welches erst eingeht nach Ablauf von Jahren:	ist bei			
	$2\frac{1}{2}$	3	$3\frac{1}{2}$	4
	Prozent Zinseszinsen jetzt werth:			
106	0,0730	0,0436	0,0261	0,0156
107	0,0712	0,0423	0,0252	0,0150
108	0,0695	0,0411	0,0243	0,0145
109	0,0678	0,0399	0,0235	0,0139
110	0,0661	0,0387	0,0227	0,0134
111	0,0645	0,0376	0,0220	0,0129
112	0,0629	0,0365	0,0212	0,0124
113	0,0614	0,0354	0,0205	0,0119
114	0,0599	0,0344	0,0198	0,0114
115	0,0584	0,0334	0,0191	0,0110
116	0,0570	0,0324	0,0185	0,0106
117	0,0556	0,0315	0,0179	0,0102
118	0,0543	0,0306	0,0173	0,0098
119	0,0529	0,0297	0,0167	0,0094
120	0,0517	0,0288	0,0161	0,0090
125	0,0457	0,0249	0,0136	0,0074
130	0,0404	0,0214	0,0114	0,0061
135	0,0357	0,0185	0,0096	0,0050
140	0,0315	0,0160	0,0081	0,0041
145	0,0279	0,0138	0,0068	0,0034
150	0,0246	0,0119	0,0057	0,0028
155	0,0218	0,0102	0,0048	0,0023
160	0,0192	0,0088	0,0041	0,0019
165	0,0170	0,0076	0,0034	0,0015
170	0,0150	0,0066	0,0029	0,0013
175	0,0133	0,0057	0,0024	0,0010
180	0,0117	0,0049	0,0020	0,0009
185	0,0104	0,0042	0,0017	0,0007
190	0,0092	0,0036	0,0014	0,0006
195	0,0081	0,0031	0,0012	0,0005
200	0,0072	0,0027	0,0010	0,0004

Anhang der Tafel II.

zur

Berechnung der Vorwerthe (Discontirung) des 20fachen Betrages der jährlichen Durchschnittsrente auf $^1/_5$ der Umtriebzeit mit 3% Zinseszins.

Für kurze Umtriebe bis zu 40 Jahren.

———

1 $\mathscr{M}$ jährlicher Durchschnittsertrag aus 15 jährigem Umtriebe hat jetzt Kapitalwerth 20 $\mathscr{M} \times 0{,}9151 = 18{,}302$ $\mathscr{M}$.

Bei einem Umtriebe von Jahren	beträgt der Discontirungs-		Bei einem Umtriebe von Jahren	beträgt der Discontirungs-		Bei einem Umtriebe von Jahren	beträgt der Discontirungs-		Bei einem Umtriebe von Jahren	beträgt der Discontirungs-	
	Zeitraum Jahre.	Faktor.		Zeitraum Jahre.	Faktor.		Zeitraum Jahre.	Faktor.		Zeitraum Jahre.	Faktor.
			11	$2\tfrac{1}{5}$	0,9370	21	$4\tfrac{1}{5}$	0,8832	31	$6\tfrac{1}{5}$	0,8325
			12	$2\tfrac{2}{5}$	0,9315	22	$4\tfrac{2}{5}$	0,8780	32	$6\tfrac{2}{5}$	0,8276
3	$\tfrac{3}{5}$	0,9824	13	$2\tfrac{3}{5}$	0,9260	23	$4\tfrac{3}{5}$	0,8729	33	$6\tfrac{3}{5}$	0,8228
4	$\tfrac{4}{5}$	0,9766	14	$2\tfrac{4}{5}$	0,9206	24	$4\tfrac{4}{5}$	0,8677	34	$6\tfrac{4}{5}$	0,8179
5	1	0,9709	15	3	0,9151	25	5	0,8626	35	7	0,8131
6	$1\tfrac{1}{5}$	0,9652	16	$3\tfrac{1}{5}$	0,9097	26	$5\tfrac{1}{5}$	0,8575	36	$7\tfrac{1}{5}$	0,8083
7	$1\tfrac{2}{5}$	0,9595	17	$3\tfrac{2}{5}$	0,9044	27	$5\tfrac{2}{5}$	0,8524	37	$7\tfrac{2}{5}$	0,8035
8	$1\tfrac{3}{5}$	0,9538	18	$3\tfrac{3}{5}$	0,8991	28	$5\tfrac{3}{5}$	0,8474	38	$7\tfrac{3}{5}$	0,7988
9	$1\tfrac{4}{5}$	0,9482	19	$3\tfrac{4}{5}$	0,8938	29	$5\tfrac{4}{5}$	0,8424	39	$7\tfrac{4}{5}$	0,7941
10	2	0,9426	20	4	0,8885	30	6	0,8375	40	8	0,7894

Tafel III.

zur

Berechnung des Kapitalwerths periodisch wiederkehrender Renten

bei jährlichen Zinseszinsen.

———

(1 $\mathscr{M}$, welche zuerst nach 15 Jahren, und dann immer wieder nach je 15 Jahren eingeht, ist jetzt werth bei 3% $= \dfrac{1}{1{,}03^{15} - 1} = 1{,}7923$ $\mathscr{M}$).

Eine Rente = 1, welche nach n Jahren zum ersten Male eingeht und von n zu n Jahren wiederkehrt, hat

bei einer Dauer der Periode (n) von Jahren	und Annahme von			
	2½	3	3½	4
	Prozent Zinseszinsen, jetzt einen Kapitalwerth von:			
1	40,0000	33,3333	28,5714	25,0000
2	19,7531	16,4204	14,0400	12,2549
3	13,0055	10,7843	9,1981	8,0087
4	9,6327	7,9676	6,7786	5,8873
5	7,6099	6,2785	5,3280	4,8157
6	6,2620	5,1533	4,3819	3,7690
7	5,2998	4,3502	3,6727	3,1652
8	4,5787	3,7485	3,1565	2,7132
9	4,0183	3,2811	2,7556	2,3623
10	3,5704	2,9077	2,4355	2,0823
11	3,2042	2,6026	2,1741	1,8537
12	2,8995	2,3487	1,9567	1,6638
13	2,6419	2,1343	1,7782	1,5036
14	2,4215	1,9509	1,6163	1,3667
15	2,2307	1,7922	1,4807	1,2485
16	2,0640	1,6537	1,3624	1,1455
17	1,9171	1,5318	1,2584	1,0550
18	1,7868	1,4236	1,1662	0,9748
19	1,6704	1,3271	1,0840	0,9035
20	1,5659	1,2405	1,0103	0,8395
21	1,4715	1,1624	0,9439	0,7820
22	1,3859	1,0916	0,8838	0,7300
23	1,3079	1,0271	0,8291	0,6827
24	1,2365	0,9682	0,7792	0,6397
25	1,1710	0,9143	0,7335	0,6003
26	1,1107	0,8646	0,6916	0,5642
27	1,0551	0,8188	0,6529	0,5310
28	1,0035	0,7764	0,6172	0,5003
29	0,9557	0,7372	0,5842	0,4720
30	0,9111	0,7006	0,5535	0,4458
31	0,8696	0,6666	0,5249	0,4214
32	0,8307	0,6349	0,4983	0,3987
33	0,7944	0,6052	0,4735	0,3776
34	0,7603	0,5774	0,4503	0,3579
35	0,7282	0,5513	0,4285	0,3394

Eine Rente = 1, welche nach n Jahren zum ersten Male eingeht und von n zu n Jahren wiederkehrt, hat

bei einer Dauer der Periode (n) von Jahren	und Annahme von			
	2½	3	3½	4
	Prozent Zinseszinsen, jetzt einen Kapitalwerth von:			
36	0,6981	0,5288	0,4081	0,3222
37	0,6696	0,5037	0,3889	0,3060
38	0,6428	0,4820	0,3709	0,2908
39	0,6174	0,4615	0,3539	0,2765
40	0,5934	0,4421	0,3379	0,2631
41	0,5707	0,4237	0,3228	0,2504
42	0,5492	0,4064	0,3085	0,2385
43	0,5287	0,3899	0,2950	0,2272
44	0,5092	0,3743	0,2822	0,2166
45	0,4907	0,3585	0,2701	0,2066
46	0,4731	0,3454	0,2586	0,1971
47	0,4563	0,3320	0,2477	0,1880
48	0,4402	0,3193	0,2373	0,1795
49	0,4249	0,3071	0,2275	0,1714
50	0,4103	0,2955	0,2181	0,1638
51	0,3963	0,2845	0,2092	0,1565
52	0,3830	0,2739	0,2007	0,1496
53	0,3702	0,2638	0,1926	0,1430
54	0,3579	0,2542	0,1849	0,1367
55	0,3462	0,2450	0,1775	0,1308
56	0,3349	0,2361	0,1705	0,1251
57	0,3241	0,2277	0,1638	0,1197
58	0,3137	0,2196	0,1574	0,1146
59	0,3087	0,2119	0,1512	0,1097
60	0,2941	0,2044	0,1454	0,1050
61	0,2849	0,1973	0,1398	0,1006
62	0,2761	0,1905	0,1344	0,0964
63	0,2675	0,1839	0,1293	0,0923
64	0,2593	0,1776	0,1244	0,0884
65	0,2514	0,1715	0,1197	0,0848
66	0,2438	0,1657	0,1152	0,0812
67	0,2364	0,1601	0,1108	0,0779
68	0,2293	0,1547	0,1067	0,0746
69	0,2225	0,1495	0,1027	0,0716
70	0,2159	0,1446	0,0989	0,0686

Eine Rente $= 1$, welche nach n Jahren zum erſten Male eingeht und von n zu n Jahren wiederkehrt, hat

bei einer Dauer der Periode (n) von Jahren	und Annahme von				bei einer Dauer der Periode (n) von Jahren	und Annahme von			
	$2^1/_2$	3	$3^1/_2$	4		$2^1/_2$	3	$3^1/_2$	4
	Prozent Zinseszinsen, jetzt einen Kapitalwerth von:					Prozent Zinseszinsen, jetzt einen Kapitalwerth von:			
71	0,2095	0,1398	0,0952	0,0658	106	0,0787	0,0456	0,0288	0,0159
72	0,2034	0,1351	0,0917	0,0631	107	0,0767	0,0442	0,0259	0,0153
73	0,1974	0,1307	0,0883	0,0605	108	0,0747	0,0428	0,0250	0,0147
74	0,1917	0,1264	0,0851	0,0581	109	0,0727	0,0415	0,0241	0,0141
75	0,1861	0,1223	0,0820	0,0557	110	0,0708	0,0403	0,0233	0,0136
76	0,1808	0,1183	0,0790	0,0535	111	0,0690	0,0391	0,0225	0,0130
77	0,1756	0,1144	0,0761	0,0513	112	0,0672	0,0379	0,0217	0,0125
78	0,1706	0,1107	0,0733	0,0492	113	0,0654	0,0367	0,0209	0,0120
79	0,1657	0,1072	0,0707	0,0473	114	0,0637	0,0356	0,0202	0,0116
80	0,1610	0,1037	0,0681	0,0454	115	0,0621	0,0346	0,0195	0,0111
81	0,1565	0,1004	0,0657	0,0435	116	0,0605	0,0335	0,0188	0,0107
82	0,1521	0,0972	0,0633	0,0418	117	0,0589	0,0325	0,0182	0,0103
83	0,1478	0,0941	0,0611	0,0401	118	0,0574	0,0315	0,0176	0,0099
84	0,1437	0,0911	0,0589	0,0385	119	0,0559	0,0306	0,0170	0,0095
85	0,1397	0,0882	0,0568	0,0370	120	0,0545	0,0297	0,0164	0,0091
86	0,1359	0,0854	0,0547	0,0355	125	0,0478	0,0255	0,0138	0,0075
87	0,1321	0,0827	0,0528	0,0341	130	0,0421	0,0219	0,0116	0,0061
88	0,1285	0,0801	0,0509	0,0327	135	0,0370	0,0188	0,0097	0,0050
89	0,1249	0,0776	0,0491	0,0314	140	0,0326	0,0162	0,0082	0,0041
90	0,1215	0,0752	0,0474	0,0302	145	0,0287	0,0140	0,0069	0,0034
91	0,1182	0,0728	0,0457	0,0290	150	0,0252	0,0120	0,0058	0,0028
92	0,1150	0,0706	0,0441	0,0279	155	0,0223	0,0103	0,0049	0,0023
93	0,1119	0,0684	0,0425	0,0268	160	0,0196	0,0089	0,0041	0,0019
94	0,1089	0,0662	0,0410	0,0257	165	0,0173	0,0077	0,0034	0,0015
95	0,1059	0,0642	0,0396	0,0247	170	0,0153	0,0066	0,0029	0,0013
96	0,1031	0,0622	0,0382	0,0237	175	0,0135	0,0057	0,0024	0,0010
97	0,1003	0,0603	0,0369	0,0228	180	0,0119	0,0049	0,0020	0,0009
98	0,0976	0,0584	0,0356	0,0219	185	0,0105	0,0042	0,0017	0,0007
99	0,0950	0,0566	0,0343	0,0210	190	0,0093	0,0037	0,0015	0,0006
100	0,0925	0,0549	0,0331	0,0202	195	0,0082	0,0031	0,0012	0,0005
101	0,0900	0,0532	0,0320	0,0194	200	0,0072	0,0027	0,0010	0,0004
102	0,0876	0,0516	0,0309	0,0186					
103	0,0853	0,0500	0,0298	0,0179					
104	0,0831	0,0485	0,0287	0,0172					
105	0,0809	0,0470	0,0277	0,0165					

Anhang A. der Tafel III.

zur

Berechnung des Kapitalwerthes periodisch wiederkehrender Renten

bei Annahme von jährlichen Zinseszinsen

à 5 % für Perioden von   1— 2 Jahren,
„ $4^3/4$% „   „   „   3— 5   „
„ $4^1/2$% „   „   „   6— 9   „
„ $4^1/4$% „   „   „ 10—14   „
„ 4 % „   „   „ 15—19   „
„ $3^3/4$% „   „   „ 20—25   „
„ $3^1/2$% „   „   „ 26—33   „
„ $3^1/4$% „   „   „ 34—40   „

zur eventuellen Anwendung bei kurzen Umtrieben.

———

(1 M, welche zuerst nach 16 Jahren und dann immer wieder nach je 15 Jahren eingeht, ist jetzt werth bei 4% Zinseszinsen = 1,2485 M.)

Eine Rente = 1, welche nach n Jahren zum ersten Male eingeht und von n zu n Jahren wiederkehrt, hat:

bei einer Dauer der Periode (n) von Jahren:	und Annahme von				
	5	$4\frac{3}{4}$	$4\frac{1}{2}$	$4\frac{1}{4}$	4
	Prozent Zinseszinsen, jetzt einen Kapitalwerth von:				
1	20,0000				
2	9,7561				
3	6,3442				
4	.	4,9027			
5	.	3,8291			
6	.	.	3,3084		
7	.	.	2,7711		
8	.	.	2,3691		
9	.	.	2,0572		
10	.	.	.	1,9372	
11	.	.	.	1,7222	
12	.	.	.	1,5436	
13	.	.	.	1,3930	
14	.	.	.	1,2694	
15	.	.	.	.	1,2485
16	.	.	.	.	1,1455
17	.	.	.	.	1,0550
18	.	.	.	.	0,9748
19	.	.	.	.	0,9035
	.	.	.	.	.
	.	.	.	.	.

Eine Rente = 1, welche nach n Jahren zum ersten Male eingeht und von n zu n Jahren wiederkehrt, hat:

bei einer Dauer der Periode (n) von Jahren:	und Annahme von:		
	$3\frac{3}{4}$	$3\frac{1}{2}$	$3\frac{1}{4}$
	Prozent Zinseszinsen, jetzt einen Kapitalwerth von:		
20	0,9190		
21	0,8573		
22	0,8015		
23	0,7508		
24	0,7045		
25	0,6622		
26	.	0,6916	
27	.	0,6529	
28	.	0,6172	
29	.	0,5842	
30	.	0,5535	
31	.	0,5249	
32	.	0,4983	
33	.	0,4735	
34	.	.	0,5085
35	.	.	0,4847
36	.	.	0,4624
37	.	.	0,4414
38	.	.	0,4217
39	.	.	0,4031
40	.	.	0,3855

Bei einer Abstufung der Prozentsätze mit $^1/_4$ ist es nicht zu vermeiden, daß bei den Uebergängen von einem Zinssatze zum anderen Unregelmäßigkeiten hervortreten. Diese sind bei den Uebergängen vom 19= bis zum 20jährigen, 25= bis 26jährigen und 33= bis 34jährigen Umtriebe so erheblich, daß schon der Faktor selbst für den um 1 bis 2 Jahre längeren Umtrieb größer ist, als der Faktor für den um 1 bis 2 Jahre kürzeren, während ein allmäliges Abfallen vom kürzeren zum längeren Umtriebe stattfinden müßte. Prüft man die Tabelle aber auch noch mit Rücksicht auf die Resultate, welche sich bei Annahme eines gleichen jährlichen Durchschnitts=Ertrages ergeben, so treten diese Unregelmäßigkeiten noch auffallender und schon bei dem Uebergange von 3= zum 4jährigen u. s. w. Umtriebe hervor.

Nimmt man den jährlichen Durchschnittsertrag beispielsweise auf 1 $\mathcal{M}$ an, so ergiebt sich, im Gegensatze zu einem der Sache entsprechenden Resultate, aus der Multiplikation der periodischen Erträge mit dem betreffenden Faktor, ein Jetztwerth:

für den 3jährigen Umtrieb à 3 $\mathcal{M} \times 6{,}_{3442} = 19{,}_{0326}$ $\mathcal{M}$

„ „ 4 „ „ à 4 „ $\times 4{,}_{9027} = 19{,}_{6108}$ „

Wollte man die in dieser Tabelle mit Sorgfalt gewählten Uebergänge auf andere Jahre verlegen, so würden die Unregelmäßigkeiten immer vorhanden bleiben und sich theilsweis noch auffallender gestalten. Dieser Umstand ist es vorzugsweise gewesen, welcher, wie in der zweiten Note zum §. 6 angeführt ist, dem in der Anleitung empfohlenen Verfahren der Discontirung des 20fachen Kapitalbetrages der durchschnittlichen Jahresrente auf einen gewissen Zeitraum das Wort redete. Daß es mathematisch richtig ist, hierbei $^1/_5$ der Umtriebszeit als Regel anzunehmen, mag bestritten werden können. Es handelt sich für den vorliegenden Zweck aber nicht um einen stricten mathematischen Beweis, sondern um möglichst vereinfachte Erzielung praktischer, den Uebergang aus der 3prozentigen Discontirung in die 5prozentige Kapitalisirung vermittelnder Resultate und um Gewinnung einer gleichmäßig ansteigenden Scala. Dieser Zweck wurde durch das empfohlene Verfahren am besten erreicht, da durch die Discontirung auf $^1/_5$ der Umtriebszeit à $3\,^0/_0$ Zinses=

zinsen für die ganze Umtriebszeit ein Disconto von sehr nahe $\dfrac{0{,}_{03}}{5} = {}^6/_{10}$ Pro=

zent Zinseszinsen gewährt wird, welches dem Verhältnisse der verschiedenen Zinssätze für Kapitalisirungen à $5\,^0/_0$, für Discontirungen à $3\,^0/_0$ nach der Proportion:

$$5 : 3 = 1 : x$$

entspricht.

Beweis. Wenn man bei einem im 10jährigen Umtriebe bewirthschafteten Niederwalde einen periodischen Ertrag von 10 $\mathcal{M}$ erzielte, so betrüge die durch=

schnittliche Jahresrente $= \dfrac{10\ \mathcal{M}}{10} = 1$ $\mathcal{M}$. Diese 20fach kapitalisirt giebt

20 $\mathscr{M}$ und das Kapital auf $\dfrac{10}{5}$ = 2 Jahre à 3% Zinseszins discontir

einen Jetztwerth von:

$$20 \times 0{,}9426 = 18{,}852 \ \mathscr{M}.$$

Nun wächst ein Kapital = 1 zu $^6/_{10}$% Zinseszins in 10 Jahren (der Umtriebszeit) an auf $1{,}006^{10} = 1{,}0616$. Der vorstehend gefundene Jetzt = werth = $18{,}852 \ \mathscr{M}$ hiermit multiplicirt ergiebt:

$$18{,}852 \ \mathscr{M} \times 1{,}0616 = 20{,}0133 \ \mathscr{M}.$$

also nur ganz unerheblich mehr als den 20fachen Kapitalbetrag der durch= schnittlichen Jahresrente.

Dasselbe Beispiel auf den 40jährigen Umtrieb mit einer jährlichen Durchschnittsrente von 1 $\mathscr{M}$ angewandt, giebt bei 20facher Kapitalisirung und Discontirung auf $\dfrac{40}{5}$ = 8 Jahre à 3% Zinseszinsen:

$$20 \times 0{,}7894 = 15{,}788 \ \mathscr{M} \text{ als Jetztwerth.}$$

Ein Kapital = 1 zu $^6/_{10}$% Zinseszinsen wächst in 40 Jahren (der Umtriebszeit) an auf

$$1{,}006^{40} = 1{,}2703$$

und

$$15{,}788 \ \mathscr{M} \times 1{,}2703 \text{ sind} = 20{,}0555 \ \mathscr{M}.$$

Ein Einwand gegen die Discontirung auf $^1/_5$ der Umtriebszeit könnte noch dahin erhoben werden, daß dies Verfahren, in seiner Consequenz bis zu 1jährigen Perioden durchgeführt, nicht voll den 20fachen Betrag des jährlichen Ertrages, sondern nur $20 \times 0{,}9941 = 19{,}882$ ergiebt. Diesem Einwande hätte begegnet werden können, wenn man die Discontirung auf $\dfrac{n-1}{5}$ Jahre bestimmte. Die Resultate würden hierbei aber nur um ein Geringfügiges anders, das Verfahren dagegen dadurch für die meisten Fälle erschwert werden, daß die üblichsten Umtriebszeiten mit 5 auf volle Jahre theilbar sind und diese leichte Theilbarkeit durch die beregte Modification verloren gehen würde.

Sollte es Jemand nach diesen Erörterungen dennoch vorziehen, statt des in der Anleitung empfohlenen Verfahrens für die kürzeren Umtriebe steigende Zinssätze anzuwenden, so können die Unregelmäßigkeiten in der Scala allerdings in Etwas durch Einschiebung von $^1/_8$ Prozent gemildert, wenn auch nicht ganz beseitigt werden. Für diesen Zweck ist der nachfol= gende erweiterte Anhang B. zur Tafel III. beigefügt worden.

Erweiterter Anhang B. der Tafel III.

zur

Berechnung des Kapitalwerths periodisch wiederkehrender Renten bei Annahme von jährlichen Zinseszinsen und Steigerung der Zinssätze um $\frac{1}{8}\,\%$

zur eventuellen Anwendung bei kurzen Umtrieben.

———

(1 ℳ, welche zuerst nach 15 Jahren und dann immer wieder nach je 15 Jahren eingeht, ist jetzt werth bei $4\frac{1}{8}\,\%$ Zinseszinsen $= 1{,}1995$ ℳ.)

Eine Rente = 1, welche nach n Jahren zum ersten Male eingeht und von n zu n Jahren wiederkehrt, hat:

bei einer Dauer der Periode (n) von Jahren:	und Annahme von:									
	5	$4\frac{7}{8}$	$4\frac{3}{4}$	$4\frac{5}{8}$	$4\frac{1}{2}$	$4\frac{3}{8}$	$4\frac{1}{4}$	$4\frac{1}{8}$	4	$3\frac{7}{8}$
				Prozent Zinseszinsen, jetzt einen Kapitalwerth von:						
1	20,0000									
2	9,7561									
3	.	6,5148								
4	.	.	4,9027							
5	.	.	3,8291							
6	.	.	.	3,2089						
7	.	.	.	.	2,7711					
8	.	.	.	.	2,3691					
9	.	.	.	.	.	2,1269				
10	.	.	.	.	.	1,8709				
11	.	.	.	.	.	.	1,7222			
12	.	.	.	.	.	.	1,5436			
13	.	.	.	.	.	.	1,3930			
14	.	.	.	.	.	.	.	1,3140		
15	.	.	.	.	.	.	.	1,1995		
16	.	.	.	.	.	.	.	.	1,1455	
17	.	.	.	.	.	.	.	.	1,0550	
18	.	.	.	.	.	.	.	.	.	1,0179
19	.	.	.	.	.	.	.	.	.	0,9441
20	.	.	.	.	.	.	.	.	.	0,8779

Eine Rente = 1, welche nach n Jahren zum ersten Male eingeht und von n zu n Jahren wiederkehrt, hat:					
bei einer Dauer der Periode (n) von Jahren:	und Annahme von:				
	$3^3/_4$	$3^5/_8$	$3^1/_2$	$3^1/_8$	$3^1/_4$
	Prozent Zinseszinsen, jetzt einen Kapitalwerth von:				
21	0,8573				
22	0,8015				
23	0,7508				
24	.	0,7405			
25	.	0,6966			
26	.	0,6562			
27	.	0,6190			
28	.	.	0,6172		
29	.	.	0,5842		
30	.	.	0,5535		
31	.	.	0,5249		
32	.	.	.	0,5284	
33	.	.	.	0,5024	
34	.	.	.	0,4782	
35	.	.	.	0,4555	
36	.	.	.	.	0,4624
37	.	.	.	.	0,4414
38	.	.	.	.	0,4217
39	.	.	.	.	0,4031
40	.	.	.	.	0,3855

Tafel IV.

zur

Berechnung des Kapitalwerths jährlicher Renten, die erst nach einer bestimmten Zeit beginnen, dann aber ununterbrochen fortdauern,

(hinteres Rentenstück)

bei jährlichen Zinseszinsen.

---

1 $\mathscr{M}$ jährliche Einnahme, jedoch erst im 16. Jahre beginnend, also die nächsten 15 Jahre hindurch nicht aufkommend, ist jetzt werth

$$\text{bei } 3\%_0 = \frac{1}{1{,}03^{16-1} \times 0{,}03} = 21{,}3954 \ \mathscr{M}$$

Diese Tafel ergänzt sich mit Tafel V. zum vollen Kapitalbetrage.

Eine Rente = 1, welche   **Eine Rente = 1, welche**

beginnt mit dem Schluße des Jahres	und sich dann jährlich wiederholt, ist bei Annahme von				beginnt mit dem Schluße des Jahres	und sich dann jährlich wiederholt, ist bei Annahme von			
	$2^1/_2$	3	$3^1/_2$	4		$2^1/_2$	3	$3^1/_2$	4
	Prozent Zinseszinsen jetzt werth:					Prozent Zinseszinsen jetzt werth:			
1	40,0000	33,3333	28,5714	25,0000	36	16,8548	11,8461	8,5708	6,3354
2	39,0244	32,3624	27,6052	24,0385	37	16,4437	11,5011	8,2809	6,0917
3	38,0726	31,4198	26,6717	23,1139	38	16,0427	11,1681	8,0009	5,8574
4	37,1440	30,5047	25,7698	22,2249	39	15,6514	10,8409	7,7303	5,6321
5	36,2380	29,6162	24,8983	21,3701	40	15,2697	10,5251	7,4689	5,4155
6	35,3542	28,7536	24,0564	20,5482	41	14,8972	10,2185	7,2163	5,2072
7	34,4919	27,9161	23,2429	19,7579	42	14,5339	9,9209	6,9723	5,0069
8	33,6508	27,1030	22,4569	18,9979	43	14,1794	9,6320	6,7365	4,8144
9	32,8299	26,3136	21,6975	18,2673	44	13,8336	9,3514	6,5087	4,6292
10	32,0291	25,5472	20,9637	17,5647	45	13,4962	9,0790	6,2886	4,4512
11	31,2479	24,8031	20,2548	16,8891	46	13,1670	8,8146	6,0760	4,2800
12	30,4858	24,0807	19,5699	16,2395	47	12,8458	8,5579	5,8705	4,1153
13	29,7422	23,3793	18,9081	15,6149	48	12,5325	8,3086	5,6720	3,9571
14	29,0168	22,6984	18,2687	15,0144	49	12,2268	8,0666	5,4802	3,8049
15	28,3091	22,0372	17,6509	14,4369	50	11,9286	7,8317	5,2948	3,6585
16	27,6186	21,3954	17,0540	13,8816	51	11,6377	7,6036	5,1158	3,5178
17	26,9450	20,7722	16,4773	13,3477	52	11,3538	7,3821	4,9428	3,3825
18	26,2878	20,1672	15,9201	12,8343	53	11,0769	7,1671	4,7756	3,2524
19	25,6466	19,5798	15,3817	12,3407	54	10,8068	6,9583	4,6142	3,1273
20	25,0211	19,0095	14,8616	11,8661	55	10,5432	6,7557	4,4581	3,0070
21	24,4108	18,4558	14,3590	11,4097	56	10,2860	6,5589	4,3074	2,8914
22	23,8155	17,9183	13,8734	10,9708	57	10,0351	6,3679	4,1617	2,7802
23	23,2346	17,3964	13,4043	10,5489	58	9,7904	6,1824	4,0210	2,6733
24	22,6679	16,8897	12,9510	10,1432	59	9,5516	6,0023	3,8850	2,5704
25	22,1150	16,3978	12,5130	9,7530	60	9,3186	5,8275	3,7536	2,4716
26	21,5756	15,9202	12,0899	9,3779	61	9,0913	5,6578	3,6287	2,3765
27	21,0494	15,4565	11,6811	9,0172	62	8,8696	5,4930	3,5040	2,2851
28	20,5360	15,0063	11,2860	8,6704	63	8,6533	5,3380	3,3855	2,1972
29	20,0351	14,5692	10,9044	8,3369	64	8,4422	5,1776	3,2711	2,1127
30	19,5465	14,1449	10,5356	8,0163	65	8,2363	5,0268	3,1604	2,0315
31	19,0697	13,7329	10,1794	7,7080	66	8,0354	4,8804	3,0536	1,9533
32	18,6046	13,3329	9,8351	7,4115	67	7,8394	4,7383	2,9503	1,8782
33	18,1508	12,9446	9,5025	7,1264	68	7,6482	4,6003	2,8505	1,8060
34	17,7081	12,5675	9,1812	6,8524	69	7,4617	4,4663	2,7541	1,7365
35	17,2762	12,2015	8,8707	6,5888	70	7,2797	4,3362	2,6610	1,6697

<table>
<tr><th rowspan="3">beginnt mit dem Schlusse des Jahres</th><th colspan="4">Eine Rente = 1, welche</th><th rowspan="3">beginnt mit dem Schlusse des Jahres</th><th colspan="4">Eine Rente = 1, welche</th></tr>
<tr><th colspan="4">und sich dann jährlich wiederholt, ist bei Annahme von</th><th colspan="4">und sich dann jährlich wiederholt, ist bei Annahme von</th></tr>
<tr><th>2¹/₂</th><th>3</th><th>3¹/₂</th><th>4</th><th>2¹/₂</th><th>3</th><th>3¹/₂</th><th>4</th></tr>
<tr><th></th><th colspan="4">Prozent Zinseszinsen jetzt werth:</th><th colspan="4">Prozent Zinseszinsen jetzt werth:</th></tr>
<tr><td>71</td><td>7,1021</td><td>4,2099</td><td>2,5710</td><td>1,6055</td><td>106</td><td>2,9926</td><td>1,4961</td><td>0,7712</td><td>0,4069</td></tr>
<tr><td>72</td><td>6,9289</td><td>4,0873</td><td>2,4841</td><td>1,5437</td><td>107</td><td>2,9196</td><td>1,4525</td><td>0,7452</td><td>0,3912</td></tr>
<tr><td>73</td><td>6,7599</td><td>3,9682</td><td>2,4001</td><td>1,4844</td><td>108</td><td>2,8484</td><td>1,4102</td><td>0,7200</td><td>0,3762</td></tr>
<tr><td>74</td><td>6,5950</td><td>3,8526</td><td>2,3189</td><td>1,4273</td><td>109</td><td>2,7790</td><td>1,3692</td><td>0,6956</td><td>0,3617</td></tr>
<tr><td>75</td><td>6,4342</td><td>3,7404</td><td>2,2405</td><td>1,3724</td><td>110</td><td>2,7112</td><td>1,3293</td><td>0,6721</td><td>0,3478</td></tr>
<tr><td>76</td><td>6,2773</td><td>3,6315</td><td>2,1647</td><td>1,3196</td><td>111</td><td>2,6451</td><td>1,2906</td><td>0,6494</td><td>0,3344</td></tr>
<tr><td>77</td><td>6,1242</td><td>3,5257</td><td>2,0915</td><td>1,2688</td><td>112</td><td>2,5805</td><td>1,2530</td><td>0,6274</td><td>0,3215</td></tr>
<tr><td>78</td><td>5,9748</td><td>3,4230</td><td>2,0208</td><td>1,2200</td><td>113</td><td>2,5176</td><td>1,2165</td><td>0,6062</td><td>0,3092</td></tr>
<tr><td>79</td><td>5,8291</td><td>3,3233</td><td>1,9525</td><td>1,1731</td><td>114</td><td>2,4562</td><td>1,1810</td><td>0,5857</td><td>0,2973</td></tr>
<tr><td>80</td><td>5,6869</td><td>3,2265</td><td>1,8864</td><td>1,1280</td><td>115</td><td>2,3963</td><td>1,1466</td><td>0,5659</td><td>0,2859</td></tr>
<tr><td>81</td><td>5,5482</td><td>3,1326</td><td>1,8226</td><td>1,0846</td><td>116</td><td>2,3378</td><td>1,1132</td><td>0,5467</td><td>0,2749</td></tr>
<tr><td>82</td><td>5,4129</td><td>3,0413</td><td>1,7610</td><td>1,0429</td><td>117</td><td>2,2808</td><td>1,0808</td><td>0,5283</td><td>0,2643</td></tr>
<tr><td>83</td><td>5,2808</td><td>2,9527</td><td>1,7015</td><td>1,0028</td><td>118</td><td>2,2252</td><td>1,0493</td><td>0,5104</td><td>0,2541</td></tr>
<tr><td>84</td><td>5,1520</td><td>2,8667</td><td>1,6439</td><td>0,9642</td><td>119</td><td>2,1709</td><td>1,0188</td><td>0,4931</td><td>0,2443</td></tr>
<tr><td>85</td><td>5,0264</td><td>2,7832</td><td>1,5883</td><td>0,9271</td><td>120</td><td>2,1180</td><td>0,9891</td><td>0,4764</td><td>0,2349</td></tr>
<tr><td>86</td><td>4,9038</td><td>2,7022</td><td>1,5346</td><td>0,8915</td><td>121</td><td>2,0663</td><td>0,9603</td><td>0,4603</td><td>0,2259</td></tr>
<tr><td>87</td><td>4,7842</td><td>2,6235</td><td>1,4827</td><td>0,8572</td><td>126</td><td>1,8263</td><td>0,8284</td><td>0,3876</td><td>0,1857</td></tr>
<tr><td>88</td><td>4,6675</td><td>2,5470</td><td>1,4326</td><td>0,8242</td><td>131</td><td>1,6142</td><td>0,7145</td><td>0,3283</td><td>0,1526</td></tr>
<tr><td>89</td><td>4,5537</td><td>2,4729</td><td>1,3841</td><td>0,7925</td><td>136</td><td>1,4267</td><td>0,6164</td><td>0,2748</td><td>0,1254</td></tr>
<tr><td>90</td><td>4,4426</td><td>2,4008</td><td>1,3373</td><td>0,7620</td><td>141</td><td>1,2610</td><td>0,5317</td><td>0,2313</td><td>0,1031</td></tr>
<tr><td>91</td><td>4,3342</td><td>2,3309</td><td>1,2921</td><td>0,7327</td><td>146</td><td>1,1145</td><td>0,4586</td><td>0,1948</td><td>0,0847</td></tr>
<tr><td>92</td><td>4,2285</td><td>2,2630</td><td>1,2484</td><td>0,7045</td><td>151</td><td>0,9851</td><td>0,3956</td><td>0,1640</td><td>0,0697</td></tr>
<tr><td>93</td><td>4,1254</td><td>2,1971</td><td>1,2062</td><td>0,6774</td><td>156</td><td>0,8707</td><td>0,3413</td><td>0,1381</td><td>0,0572</td></tr>
<tr><td>94</td><td>4,0248</td><td>2,1331</td><td>1,1654</td><td>0,6514</td><td>161</td><td>0,7696</td><td>0,2944</td><td>0,1163</td><td>0,0471</td></tr>
<tr><td>95</td><td>3,9266</td><td>2,0710</td><td>1,1260</td><td>0,6263</td><td>166</td><td>0,6802</td><td>0,2539</td><td>0,0979</td><td>0,0387</td></tr>
<tr><td>96</td><td>3,8308</td><td>2,0107</td><td>1,0879</td><td>0,6022</td><td>171</td><td>0,6012</td><td>0,2190</td><td>0,0824</td><td>0,0318</td></tr>
<tr><td>97</td><td>3,7374</td><td>1,9521</td><td>1,0511</td><td>0,5791</td><td>176</td><td>0,5314</td><td>0,1889</td><td>0,0694</td><td>0,0261</td></tr>
<tr><td>98</td><td>3,6462</td><td>1,8952</td><td>1,0156</td><td>0,5568</td><td>181</td><td>0,4696</td><td>0,1630</td><td>0,0584</td><td>0,0215</td></tr>
<tr><td>99</td><td>3,5573</td><td>1,8400</td><td>0,9812</td><td>0,5354</td><td>186</td><td>0,4151</td><td>0,1408</td><td>0,0492</td><td>0,0177</td></tr>
<tr><td>100</td><td>3,4705</td><td>1,7864</td><td>0,9480</td><td>0,5148</td><td>191</td><td>0,3669</td><td>0,1213</td><td>0,0414</td><td>0,0145</td></tr>
<tr><td>101</td><td>3,3859</td><td>1,7344</td><td>0,9160</td><td>0,4950</td><td>196</td><td>0,3243</td><td>0,1046</td><td>0,0349</td><td>0,0119</td></tr>
<tr><td>102</td><td>3,3033</td><td>1,6839</td><td>0,8850</td><td>0,4760</td><td>201</td><td>0,2866</td><td>0,0902</td><td>0,0294</td><td>0,0098</td></tr>
<tr><td>103</td><td>3,2227</td><td>1,6348</td><td>0,8551</td><td>0,4577</td><td>211</td><td>0,2239</td><td>0,0671</td><td>0,0208</td><td>0,0066</td></tr>
<tr><td>104</td><td>3,1441</td><td>1,5872</td><td>0,8262</td><td>0,4401</td><td></td><td></td><td></td><td></td><td></td></tr>
<tr><td>105</td><td>3,0675</td><td>1,5410</td><td>0,7982</td><td>0,4231</td><td></td><td></td><td></td><td></td><td></td></tr>
</table>

Tafel V.

zur

Berechnung des Kapitalwerths jährlicher Renten, die vom ersten Jahre ab nur eine bestimmte Zeit fortdauern und dann aufhören

(vorderes Rentenstück)

bei jährlichen Zinseszinsen.

---

1 $\mathscr{M}$ jährliche Einnahme, jedoch nur die ersten 15 Jahre dauernd, ist jetzt werth

$$\text{bei } 3^0/_0 = \frac{1{,}03^{15} - 1}{1{,}03^{15} \times 0{,}03} = 11{,}9379 \; \mathscr{M}.$$

Beginnt die Einnahme erst nach 6 Jahren und dauert 15 Jahre, so nimmt man den Faktor bei 6 + 15 = 21 Jahren und zieht den Faktor bei 6 Jahren ab, so erhält man den Jahreswerth = 15,4150 — 5,4172 = 9,9978 $\mathscr{M}$.

Ergänzt sich mit Tafel IV. zum vollen Kapitalbetrage.

Nach Tafel IV. ist eine Rente, welche mit dem Schlusse des 16ten Jahres beginnt

$$\text{à } 3^0/_0 = 21{,}8954 \; \mathscr{M}$$
$$\text{dazu wie oben} = 11{,}9379 \; \mathscr{M}$$
$$\text{sind } 33{,}8333 \; \mathscr{M}$$

Die Tafel V. wird aus den Summen der Faktoren der Tafel II. gebildet. Differenzen in der letzten Decimalstelle, welche hierbei hervortreten, entstehen durch die Abrundungen.

Eine jährliche Rente = 1, welche

aufhört mit dem Schluße des Jahres:	ist bei Annahme von				aufhört mit dem Schluße des Jahres:	ist bei Annahme von			
	$2^1/_2$	3	$3^1/_2$	4		$2^1/_2$	3	$3^1/_2$	4
	Prozent Zinseszinsen jetzt werth:					Prozent Zinseszinsen jetzt werth:			
1	0,9756	0,9709	0,9662	0,9615	36	23,5563	21,8322	20,2905	18,9083
2	1,9274	1,9135	1,8997	1,8861	37	23,9573	22,1672	20,5705	19,1426
3	2,8560	2,8286	2,8016	2,7751	38	24,3486	22,4924	20,8411	19,3679
4	3,7620	3,7171	3,6731	3,6299	39	24,7303	22,8082	21,1025	19,5845
5	4,6458	4,5797	4,5150	4,4518	40	25,1028	23,1148	21,3551	19,7928
6	5,5081	5,4172	5,3285	5,2421	41	25,4661	23,4124	21,5991	19,9931
7	6,3494	6,2303	6,1145	6,0021	42	25,8206	23,7013	21,8349	20,1856
8	7,1701	7,0197	6,8739	6,7327	43	26,1664	23,9819	22,0627	20,3708
9	7,9709	7,7861	7,6077	7,4353	44	26,5038	24,2543	22,2828	20,5488
10	8,7521	8,5302	8,3166	8,1109	45	26,8330	24,5187	22,4954	20,7200
11	9,5142	9,2526	9,0015	8,7605	46	27,1542	24,7754	22,7009	20,8847
12	10,2578	9,9540	9,6633	9,3851	47	27,4675	25,0247	22,8994	21,0429
13	10,9832	10,6349	10,3027	9,9856	48	27,7732	25,2667	23,0912	21,1951
14	11,6909	11,2961	10,9205	10,5631	49	28,0714	25,5016	23,2766	21,3415
15	12,3814	11,9379	11,5174	11,1184	50	28,3623	25,7297	23,4556	21,4822
16	13,0550	12,5611	12,0941	11,6523	51	28,6462	25,9512	23,6286	21,6175
17	13,7122	13,1661	12,6513	12,1657	52	28,9231	26,1662	23,7958	21,7476
18	14,3534	13,7535	13,1897	12,6593	53	29,1932	26,3750	23,9572	21,8727
19	14,9789	14,3238	13,7098	13,1339	54	29,4568	26,5776	24,1133	21,9930
20	15,5892	14,8775	14,2124	13,5903	55	29,7140	26,7744	24,2640	22,1086
21	16,1845	15,4150	14,6980	14,0292	56	29,9649	26,9654	24,4097	22,2198
22	16,7654	15,9369	15,1671	14,4511	57	30,2096	27,1509	24,5504	22,3267
23	17,3321	16,4436	15,6204	14,8568	58	30,4484	27,3310	24,6864	22,4296
24	17,8850	16,9355	16,0584	15,2470	59	30,6814	27,5058	24,8178	22,5284
25	18,4244	17,4131	16,4815	15,6221	60	30,9087	27,6755	24,9447	22,6235
26	18,9506	17,8768	16,8908	15,9828	61	31,1304	27,8403	25,0674	22,7149
27	19,4640	18,3270	17,2354	16,3296	62	31,3467	28,0003	25,1859	22,8028
28	19,9649	18,7641	17,6670	16,6631	63	31,5578	28,1557	25,3003	22,8873
29	20,4535	19,1884	18,0358	16,9837	64	31,7637	28,3065	25,4110	22,9685
30	20,9303	19,6004	18,3920	17,2920	65	31,9646	28,4529	25,5178	23,0467
31	21,3954	20,0004	18,7363	17,5885	66	32,1606	28,5950	25,6211	23,1218
32	21,8492	20,3887	19,0689	17,8736	67	32,3518	28,7330	25,7209	23,1940
33	22,2919	20,7658	19,3902	18,1476	68	32,5383	28,8670	25,8173	23,2635
34	22,7238	21,1318	19,7007	18,4112	69	32,7205	28,9971	25,9104	23,3303
35	23,1452	21,4372	20,0006	18,6646	70	32,8979	29,1234	26,0004	23,3945

aufhört mit dem Schluße des Jahres:	2½	3	3½	4	aufhört mit dem Schluße des Jahres:	2½	3	3½	4
	Prozent Zinſeszinſen jetzt werth:					Prozent Zinſeszinſen jetzt werth:			
71	33,0711	29,2460	26,0873	23,4563	106	37,0804	31,8808	27,8262	24,6088
72	33,2401	29,3651	26,1713	23,5156	107	37,1516	31,9231	27,8514	24,6238
73	33,4050	29,4807	26,2525	23,5727	108	37,2210	31,9641	27,8758	24,6383
74	33,5658	29,5929	26,3309	23,6276	109	37,2888	32,0040	27,8993	24,6522
75	33,7227	29,7018	26,4067	23,6804	110	37,3549	32,0427	27,9220	24,6656
76	33,8758	29,8076	26,4799	23,7312	111	37,4195	32,0803	27,9440	24,6785
77	34,0252	29,9103	26,5506	23,7800	112	37,4824	32,1168	27,9652	24,6908
78	34,1709	30,0100	26,6189	23,8269	113	37,5438	32,1523	27,9857	24,7027
79	34,3131	30,1068	26,6850	23,8720	114	37,6037	32,1867	28,0055	24,7141
80	34,4518	30,2007	26,7488	23,9154	115	37,6622	32,2201	28,0247	24,7251
81	34,5871	30,2920	26,8104	23,9571	116	37,7192	32,2525	28,0431	24,7357
82	34,7192	30,3806	26,8699	23,9972	117	37,7748	32,2840	28,0610	24,7459
83	34,8480	30,4666	26,9275	24,0358	118	37,8291	32,3145	28,0783	24,7557
84	34,9738	30,5501	26,9831	24,0729	119	37,8820	32,3442	28,0950	24,7651
85	35,0962	30,6311	27,0368	24,1085	120	37,9337	32,3730	28,1111	24,7741
86	35,2158	30,7098	27,0887	24,1428	125	38,1737	32,5049	28,1838	24,8143
87	35,3325	30,7863	27,1388	24,1758	130	38,3858	32,6188	28,2451	24,8474
88	35,4463	30,8604	27,1873	24,2075	135	38,5733	32,7169	28,2966	24,8746
89	35,5574	30,9325	27,2341	24,2380	140	38,7390	32,8016	28,3401	24,8969
90	35,6658	31,0024	27,2793	24,2673	145	38,8855	32,8747	28,3766	24,9153
91	35,7715	31,0703	27,3230	24,2955	150	39,0149	32,9377	28,4074	24,9303
92	35,8746	31,1362	27,3652	24,3226	155	39,1293	32,9920	28,4333	24,9428
93	35,9752	31,2002	27,4060	24,3486	160	39,2304	33,0389	28,4551	24,9529
94	36,0734	31,2623	27,4454	24,3737	165	39,3198	33,0794	28,4735	24,9613
95	36,1692	31,3226	27,4835	24,3978	170	39,3988	33,1143	28,4890	24,9682
96	36,2626	31,3812	27,5203	24,4209	175	39,4686	33,1444	28,5020	24,9739
97	36,3538	31,4381	27,5558	24,4432	180	39,5304	33,1703	28,5130	24,9785
98	36,4427	31,4933	27,5902	24,4646	185	39,5849	33,1927	28,5222	24,9823
99	36,5295	31,5469	27,6234	24,4852	190	39,6331	33,2120	28,5300	24,9855
100	36,6141	31,5989	27,6554	24,5050	195	39,6757	33,2287	28,5365	24,9881
101	36,6967	31,6494	27,6864	24,5240	200	39,7134	33,2431	28,5420	24,9902
102	36,7773	31,6985	27,7163	24,5423	210	39,7761	33,2662	28,5506	24,9934
103	36,8559	31,7461	27,7452	24,5599					
104	36,9325	31,7923	27,7732	24,5769					
105	37,0074	31,8372	27,8002	24,5931					

Tafel VI.

zur

Berechnung des Kapitalwerths von Perioden=Renten zu Anfang der I. Periode nach Betriebs=Perioden

bei jährlichen Zinseszinsen.

---

1 M jährliche Einnahme oder Ausgabe für die Dauer der II. 20 jährigen Periode ist zu Anfang der I. Periode werth bei 3°/₀ = 8,2373 M.

Eine Rente, welche mit dem 40. Jahre aufhört, ist nämlich bei 3°/₀
   nach Tafel V. jetzt werth . . . . = 23,1148
und eine Rente, welche mit dem 20. Jahre aufhört, nach demselben
   Zinssatze und derselben Tafel . . . . = 14,8775
bleibt Werth des mittleren Rentenstücks, wie Tafel VI. angiebt   8,2373

Eine jährl. Einnahme od. Ausgabe = 1, welche

blos erfolgt in der	ist bei Annahme von			
	$2^1/_2$	3	$3^1/_2$	4
	Prozent Zinseszinsen zu Anfang der I. Periode werth:			
5jährigen Betriebsperiode — I.	4,6458	4,5797	4,5150	4,4518
II.	4,1063	3,9505	3,8016	3,6591
III.	3,6293	3,4077	3,2008	3,0075
IV.	3,2078	2,9396	2,6950	2,4718
V.	2,8352	2,5356	2,2691	2,0318
VI.	2,5059	2,1873	1,9105	1,6699
10jährigen Betriebsperiode — I.	8,7521	8,5302	8,3166	8,1109
II.	6,8371	6,3473	5,8958	5,4794
III.	5,3411	4,7229	4,1796	3,7017
IV.	4,1725	3,5144	2,9631	2,5008
V.	3,2595	2,6149	2,1005	1,6894
VI.	2,5464	1,9458	1,4891	1,1413
15jährigen Betriebsperiode — I.	12,3814	11,9379	11,5174	11,1184
II.	8,5489	7,6625	6,8746	6,1736
III.	5,9027	4,9183	4,1034	3,4280
IV.	4,0757	3,1568	2,4493	1,9035
V.	2,8140	2,0263	1,4620	1,0569
VI.	1,9431	1,3006	0,8726	0,5869
20jährigen Betriebsperiode — I.	15,5892	14,8775	14,2124	13,5903
II.	9,5136	8,2373	7,1427	6,2025
III.	5,8059	4,5607	3,5896	2,8307
IV.	3,5431	2,5252	1,8041	1,2919
V.	2,1623	1,3982	0,9066	0,5898
VI.	1,3196	0,7741	0,4557	0,2691

Eine jährl. Einnahme od. Ausgabe = 1, welche

blos erfolgt in der	ist bei Annahme von			
	$2^1/_2$	3	$3^1/_2$	4
	Prozent Zinseszinsen zu Anfang der I. Periode werth:			
30jährigen Betriebsperiode — I.	20,9303	19,6004	18,3920	17,2920
II.	9,9784	8,0751	6,5527	5,3315
III.	4,7571	3,3269	2,3346	1,6438
IV.	2,2679	1,3706	0,8318	0,5068
V.	1,0812	0,5647	0,2963	0,1562
VI.	0,5155	0,2326	0,1056	0,0482

Diese Tafel ist, wenn man nicht Tafel I. als Hülfstafel gebrauchen will, nur anzuwenden, wenn man sich zu Anfang der I. Periode befindet. Ist man schon in die Berechnungszeit des Betriebsplanes hinein, so benutzt man am kürzesten die Tafel V.

Sind z. B. bereits 6 Jahre der I. 20jährigen Periode verflossen und soll der Werth einer jährlichen Nutzung in der II. Periode ermittelt werden, so fängt die II. Periode nach 14 Jahren an und endet nach 34 Jahren. Der Werth der jährlichen Nutzung ist gleich der Differenz beider Faktoren in Tafel V., nämlich (bei 3%) = 21,1318 — 11,2961 = 9,8357 ℳ für 1 ℳ.

Abgesehen von Differenzen in den letzten Decimalstellen, die aus der Abrundung entstehen, erhält man dasselbe, wenn man den Faktor oben aus Tafel VI. (bei 3%) für die II. 20jährige Periode = 8,2373 mit dem Faktor bei 6 Jahren aus Tafel I. = 1,1941 multiplicirt.

Tafel VII.

zur

Berechnung des gegenwärtigen Kapitalwerths von eine Zeit lang schon bezogenen Renten

(Vergangenheitsrenten)

bei jährlichen Zinseszinsen.

---

1 $\mathcal{M}$, welche in den letzten 15 Jahren am Ende jeden Jahres eingekommen,

hat jetzt einen Kapitalwerth bei $3^0/_0 = \dfrac{1{,}03^{15} - 1}{0{,}03} = 18{,}5989\ \mathcal{M}$.

Ist 1 $\mathcal{M}$ zu Anfang eines jeden der letzten 15 Jahre eingekommen, so nimmt man den Faktor bei 16 Jahren und zieht davon 1 ab, nämlich $20{,}1569 - 1, = 19{,}1569\ \mathcal{M}$. Die Summe der Tabelle I. bis 15 ergiebt $19{,}1570$; die Differenz von $\frac{1}{10000}$ entsteht durch die Abrundungen in Tabelle I. bei der letzten Decimalstelle.

Eine Rente = 1, welche am Schlusse jeden Jahres				Eine Rente = 1, welche am Schlusse jeden Jahres			
stattgefunden hat, Jahre:	nunmehr aber aufhört, ist bei Annahme von			stattgefunden hat, Jahre:	nunmehr aber aufhört, ist bei Annahme von		
	2½	3	3½	4		2½	3	3½	4
	Prozent Zinseszinsen jetzt werth:					Prozent Zinseszinsen jetzt werth:			
1	1,0000	1,0000	1,0000	1,0000	26	36,0117	38,5530	41,3131	44,3117
2	2,0250	2,0300	2,0350	2,0400	27	37,9120	40,7096	43,7591	47,0842
3	3,0756	3,0909	3,1062	3,1216	28	39,8598	42,9309	46,2906	49,9676
4	4,1525	4,1836	4,2149	4,2465	29	41,8563	45,2189	48,9108	52,9663
5	5,2563	5,3031	5,3625	5,4163	30	43,9027	47,5754	51,6227	56,0849
6	6,3877	6,4684	6,5502	6,6330	31	46,0003	50,0027	54,4295	59,3283
7	7,5474	7,6625	7,7794	7,8983	32	48,1503	52,5028	57,3345	62,7015
8	8,7361	8,8923	9,0517	9,2142	33	50,3540	55,0778	60,3412	66,2095
9	9,9545	10,1591	10,3685	10,5828	34	52,6129	57,7302	63,4532	69,8579
10	11,2034	11,4639	11,7314	12,0061	35	54,9282	60,4621	66,6740	73,6522
11	12,4835	12,8078	13,1420	13,4864	36	57,3014	63,2759	70,0076	77,5983
12	13,7956	14,1920	14,6020	15,0258	37	59,7339	66,1742	73,4579	81,7022
13	15,1404	15,6178	16,1130	16,6268	38	62,2273	69,1594	77,0289	85,9703
14	16,5190	17,0863	17,6770	18,2919	39	64,7830	73,2342	80,7249	90,4091
15	17,9319	18,5989	19,2957	20,0236	40	67,4026	75,4013	84,5503	95,0255
16	19,3802	20,1569	20,9710	21,8245	41	70,0876	78,6633	88,5095	99,8265
17	20,8647	21,7616	22,7050	23,6975	42	72,8398	82,0232	92,6074	104,8196
18	22,3863	23,4144	24,4997	25,6454	43	75,6608	85,4839	96,8486	110,0124
19	23,9460	25,1169	26,3572	27,6712	44	78,5523	89,0484	101,2383	115,4129
20	25,5447	26,8704	28,2797	29,7781	45	81,5161	92,7199	105,7817	121,0294
21	27,1833	28,6765	30,2695	31,9692	46	84,5540	96,5015	110,4840	126,8706
22	28,8629	30,5368	32,3289	34,2480	47	87,6679	100,3965	115,3510	132,9454
23	30,5844	32,4529	34,4604	36,6179	48	90,8596	104,4084	120,3883	139,2632
24	32,3490	34,4265	36,6665	39,0826	49	94,1311	108,5406	125,6018	145,8337
25	34,1578	36,4593	38,9499	41,6459	50	97,4843	112,7969	130,9979	152,6671